KB057021

식비도 아끼고 살도 빠지는

초간단 집밥 다이어트 레시피

식비도 아끼고 살도 빠지는

초간단 집밥 다이어트 레시피

겨울딸기 **강지현** 지음

메가스터디BOOKS

Prologue

다이어트도 '집밥'이 답입니다

아이가 초등학교 입학하던 해 첫 요리책을 냈는데 어느덧 아이는 대학생이 되었고 저도 50대의 중년이 되었습니다. 그동안 참 많은 변화가 있었네요.

원래도 과식을 하는 편은 아니었지만 먹고 싶은 대로 먹어도 그다지 살이 찌거나 하지 않고 같은 몸무게를 오래 유지해왔는데 50대에 들어서자 상황이 달라졌습니다. 평소에 살이 붙지 않는 곳에 살이 붙고 점점 몸이 둔해진다는 게 느껴졌어요. 남편도 마찬가지였고요. 이젠 식단을 바꾸든 운동을 엄청 열심히 하든 해야만 예전 몸무게를 유지할 수 있겠다 싶었습니다.

또 하루 종일 책과 씨름하며 엄마의 도시락과 간식을 유일한 낙으로 삼던 아이가 대학생이 되어 외모에 신경을 쓰기 시작하면서 다이어트를 하겠다며 가벼운 음식을 먹고 싶어 했어요. 이에 저희 가족 식단에도 뭔가 변화가 필요함을 느꼈고 거기서 이 레시피들은 시작되었습니다.

저희 집 다이어트 집밥의 특징을 몇 가지 얘기드릴게요.

현미밥 130g을 한 끼 밥 기준량으로 삼았습니다.

가장 먼저 밥상에 변화를 준 것은 밥을 지을 때 70% 이상 현미쌀과 잡곡을 넣기 시작한 거였습니다. 처음엔 조금 까슬하게 느껴졌던 식감의 현미밥은 오래 씹을수록 구수하면서도 포만감은 오래 가더라고요. 또 일단은 탄수화물 양 자체를 줄이는 게 필요하다 생각해서 시판 작은 즉석밥 분량과 비슷한 130g을 한 끼 섭취량으로 정하고 부족한 양은 다른 채소나 두부 등 건강한 재료를 추가해 채웠습니다. 저는 전형적인 '밥순이'라 밥 양을 줄이는 게 좀 힘들었지만 몇 주 지속하다 보니 오히려 속이 더 편하다는 걸 실제로 느낄 수 있었어요.

독특한 다이어트 식재료는 사용하지 않았어요.

오트밀, 렌틸콩, 스테비아 등 요즘 다이어터들이 많이 쓴다는 식재료는 전 평소에 거의 이용하지 않았기 때문에 다이어트 음식을 만들겠다고 이런 재료를 갑자기 사용하는 건 별로 내키지 않았어요. 그 재료들을 끝까지 잘 활용할 자신도 없었고요. 그래서 저희집 냉장고에 항상 있는 재료로 메뉴를 구성하였습니다.

칼로리 계산이 아닌 건강한 단백질과 채소를 많이 먹는 데 초점을 맞췄습니다.

전 영양학 관련 전문가가 아니다 보니 칼로리를 계산하며 하는 식단 조절은 할 수가 없었어요. 사실 잘 와닿지도 않고요. 대신 원래 잘 해 먹던 음식에 두부, 달걀, 지방이 많지 않은 육류, 신선한 채소, 다양한 해조류 등을 많이 이용하려고 노력했어요. 평소에 나름 건강하게 먹는다고 생각했는데 쭉 살펴보니 저희 집 밥상은 생각보다 탄수화물이 많고 단백질 섭취가 적더라고요.

집밥으로 다이어트를 했더니 이런 게 좋았어요.

일주일 식비가 눈에 띄게 줄었어요.

채소, 달걀, 두부 등 기본 재료로 심플한 밥상을 차려내다 보니 할인 행사나 타임 세일 할 때 당장 먹지도 않을 이런 저런 먹거리를 사는 횟수가 확 줄었어요. 생각지 못하게 식비도 다이어트가 되었습니다.

평소 먹는 음식들이다 보니 꾸준히 먹어도 질리지 않습니다.

늘 차려내는 밥, 국, 반찬의 기본 메뉴는 유지하되 흰 쌀밥 대신 현미밥으로 바꾸고, 지방이 많은 구이, 볶음용 고기보다는 닭가슴살이나 목살처럼 기름기 적은 육류를 가볍게 조리해서 더 자주 먹으려고 했고, 은근 손이 많이 가는 나물 무치기보다 찐 채소나 생채를 준비하는 정도로만 바꿨습니다. 그러다 보니 질리지 않고, 딱히 요요가 올 이유도 없었습니다.

주방에 머무는 시간과 노동력이 절감되었습니다.

다이어트 집밥을 차리기 시작하면서 냉장고엔 저희 가족이 잘 먹는 기본 다이어트 식재료(찐 양배추, 손질한 잎채소, 삶은 달걀, 간단한 소스)를 늘 준비해뒀습니다. 그랬더니 이른 아침 남편 도시락을 쌀 때도 훨씬 간단하고 빠르게 준비가 되더라고요. 기름에 구워내는 프라이 대신 삶은 달걀을 내고 면 요리도 밀가루 소면을 삶는 대신 두부면이나 해초면 등을 쓰다 보니 밥 차리는 시간이 많이 줄었어요.

이 책을 준비하며 요리 테스트를 하느라 하루 두 끼는 다이어트식으로 먹었더니 전 2개월 동안 3kg이 줄었습니다.(제 나이에 3kg 빼는 게 얼마나 어려운 일인지 아시는 분들은 아실 거예요.) 지금은 그때처럼 다이어트 음식만 먹지는 않지만 그래도 체중은 크게 변하지 않고 있어요. 전반적으로 식단을 균형 있게 조절했기 때문이 아닐까 생각합니다.

먹는 것만큼 정직한 게 없다고 하죠. 건강한 재료로 가볍게 만드는 집밥은 그 자체로 다이어트 음식이자 건강 밥상입니다. 저도 크게 노력한 것은 없어요. 밥 양을 좀 줄이고 대신 좋은 단백질과 채소를 담백한 조리법으로 해 먹은 정도입니다. 이 정도 변화로 가족 건강도 챙기고 체중도 조절할 수 있으니 집밥이야말로 다이어트를 위한 최고의 파트너가 아닐까 생각합니다.

다이어트 메뉴를 모아 요리책을 내보는 건 어떠냐며 새로운 숙제를 던져준 편집장 민정 씨, 소박한 음식을 예쁘고 소중하게 카메라에 담아준 이종수 포토실장님, 귀한 시간 내어 촬영 내내 뒤에서 함께 요리해준 집밥 수업 애정 수강생 언니들, 이 모든 분들 덕분에 또 한 권의 책이 세상에 나오게 되었습니다. 깊은 감사의 인사를 전합니다.

겨울딸기 **강지현**

Contents

3 놓칠 수 없는 고기의 맛 육류

4 의외로 쉽게 활용 가능한 해산물

5 식감 좋고 식이섬유 풍부한 버섯

6 어떤 다이어트 메뉴에도 어울리는 잎채소

7 다이어트 요리에 생기를 더해주는 아보카도 & 토마토

8 배부르게 먹어도 걱정 없는 기타 채소

계량법

일반 숟가락이나 컵은 저마다 크기가 달라 재료 분량을 표기하기에 어려움이 있어, 이 책에서는 계량숟가락과 계량컵을 사용하였습니다. 계량 도구를 사용하면 균일한 맛을 유지할 수 있어 전 평소에도 항상 사용합니다.

계량숟가락 분량

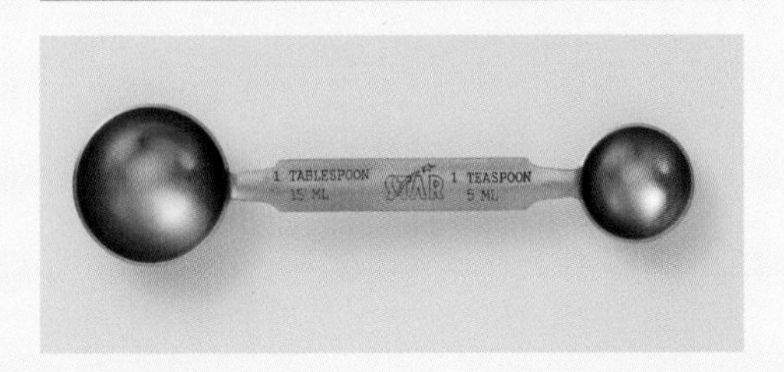

1T(큰숟가락) = 15ml　　1t(작은숟가락) = 5ml

계량컵 분량

1컵 = 200ml　　1/2컵 = 100ml

1꼬집 분량

다이어트용 현미밥 짓기

- 다이어트를 결심한 이후 저는 현미밥을 짓기 시작했어요. 처음에는 멥쌀에 현미를 조금씩 섞다가 지금은 현미 2 : 멥쌀 1 비율로 짓고 있습니다.
- 밥을 지은 후 1인분 130g씩 소분해 냉동해두고 하나씩 꺼내 먹고 있어요.
- 요리에 따라 으깬 두부, 다진 콜리플라워를 섞어 먹기도 합니다. 포만감을 늘릴 수 있고 영양소도 추가로 섭취할 수 있으니까요. 밥 130g 기준 20g 정도를 넣어줍니다.
- 두부는 팬에 살짝 볶아 수분을 날린 다음 넣으면 고슬고슬해서 좋아요.
- 콜리플라워는 끓는 물에 삶아 식혀 냉동 보관 해두고 써도 좋고, 잘게 조각을 내서 파는 시판 냉동 제품을 써도 편리합니다.
- 멥쌀 양을 1~2T 줄이고 대신 흑미를 넣으면 흑미현미밥이 됩니다.
- 김밥에 넣을 때는 밥 130g 기준 참기름 1/2t, 통깨 1/2t, 소금 1꼬집을 넣어 밑간을 해주면 맛있습니다.

RECIPE

현미쌀 2컵, 멥쌀 1컵 , 물 3컵(물은 불리기 전 쌀 분량과 동량으로 넣습니다.)

1 현미는 씻어 현미 분량의 2배의 물을 부어 반나절 이상 충분히 불린다. (여름에는 냉장실에서 불리는 게 좋아요.)

2 멥쌀은 물을 갈아가며 2~3번 씻어 30분 정도 불린 뒤 **1**의 불린 현미와 섞어 체에 밭쳐 물기를 뺀다.

3 냄비에 **2**의 쌀과 물 3컵을 붓고 센 불에서 5~6분 끓인 뒤, 아주 약한 불로 줄이고 20분 정도 지어 완성한다. 전기밥통을 사용하는 경우에도 동일한 분량의 물을 넣고 일반 취사로 지으면 된다. 압력 기능을 쓰면 좀 더 찰진 밥을 즐길 수 있다.

자주 사용한 다이어트용 면

- 탄수화물 함량이 높은 소면이나 우동면 대신 단백질 함량이 높고 칼로리가 낮은 두부면, 두유면, 곤약면, 미역면 등을 주로 사용했습니다.
- 삶을 필요 없이 바로 헹구어 사용할 수 있는 특성이 있어 조리 시간도 단축할 수 있어요.
- 새콤달콤한 비빔소스에는 겉면이 매끄러운 미역면이나 곤약면이, 국수처럼 따뜻한 국물에는 두부면이 잘 어울립니다.

다이어트 집밥 양념 황금 비율

초고추장

고추장		매실액		식초		통깨
2	:	1	:	1	:	1

- 새콤달콤한 맛이 필요한 요리에 사용해요.
- 시판 고추장 기준 계량입니다.
- 집에서 담근 고추장은 보통 시판 제품보다 염도가 높으니 30% 줄여서 넣으면 적당해요.
- 일주일 분량을 가늠하여 한 번에 2~3배합 만들어두면 편리해요.
- 다진마늘을 1t 정도 추가해도 맛있습니다.

비빔간장

양조간장		들기름		통깨		고춧가루
1	:	1	:	1	:	1/3

- 비빔밥이나 샐러드, 면 요리에 주로 사용해요.
- 시판 양조간장 기준 계량입니다.
- 국간장을 쓸 경우 간장 양을 30% 줄여서 만드는 게 좋아요.
- 한식에는 올리브유보다 들기름이 잘 어울려서 전 들기름을 주로 씁니다.
- 샐러드에 넣을 때는 들기름을 좀 더 추가해도 좋습니다.
- 먹기 직전 다진 부추, 양파, 쪽파를 듬뿍 넣어 먹으면 더 맛있습니다.
- 음식에 넣기 전 가라앉은 간장이 기름과 섞이도록 잘 저어주세요.

필수 다이어트 식재료 보관법

두부

- 수분 함량이 적은 단단한 두부는 밥이나 샐러드에 곁들이기 좋습니다.
- 부드러운 순두부는 국물이 자박한 요리나 죽, 비벼 먹는 요리에 자주 사용합니다.
- 사용하고 남은 두부는 윗면까지 충분히 잠길 정도로 물을 부어 밀폐용기에 담아 냉장 보관하면 일주일 정도는 괜찮아요. 다만 중간중간 물을 갈아 주는 게 필요합니다.
- 순두부는 비닐팩을 벗겨 밀폐용기에 담아 냉장실에 반나절 정도 뒀다 쓰면 수분이 어느 정도 빠져 조리할 때 모양이 많이 덜 으스러집니다.

달걀

- 삶아서 냉장 보관해두면 요리나 간식에 쉽게 활용할 수 있습니다. 프라이로 먹는 것보다 기름 섭취도 줄일 수 있고, 더 간편하기도 해요.
- 냉기를 뺀 실온 상태의 달걀에 잠길 정도로 충분한 물을 붓고 중약 불에서 7분 이내로 삶은 뒤 찬물에 바로 담가 열기를 빼줍니다.
- 하루 소비량을 계산해서 3~4일에 먹을 양을 미리 가늠해 한번에 삶아두면 편리해요. 저는 바로 먹기 좋게 껍질도 미리 벗겨 보관해둡니다.

양배추

- 양배추 한 통을 사면 그날 바로 반은 찌고 반은 채 썰어 각각 담아 냉장 보관해둡니다.
- 김 오른 찜기에 넣고 3분 정도만 찌면 됩니다. 조금 덜 익었다 싶을 때 불을 끄고 여열로 1~2분 정도 익히면 더 식감이 좋습니다.
- 채소탈수기 등을 이용해 최대한 물기를 뺀 다음 밀폐용기에 키친타월을 깔고 담은 뒤 물을 묻힌 키친타월로 덮어 보관합니다.
- 다른 채소에 비해서 보관기간이 긴 편이지만 일주일 소비량을 계산하여 반 통이나 작은 사이즈를 구입하는 걸 추천합니다.

잎채소

- 잎채소는 깨끗해 보여도 잔흙이 많습니다. 처음부터 흐르는 물에 씻기보다는 볼에 물을 받아서 물속에서 흔들어 흙을 먼저 털어주세요.
- 채소탈수기를 등을 이용해 최대한 물기를 뺀 뒤 밀폐용기에 마른 키친타월을 깔고 어린잎을 넣은 뒤 윗면에 키친타월을 한 장 더 올려 분무기로 물을 좀 뿌려준 뒤 뚜껑을 닫아 보관합니다.
- 이렇게 보관하면 3~4일은 신선한 상태로 사용 가능합니다.

우리집 냉장고 안 다이어트 기본 재료

두부
물에 담가 냉장 보관

두부면

닭가슴살
삶은 뒤 물에 담가
냉장 보관

방울토마토

오이·파프리카
스틱 형태로 썰어
냉장 보관

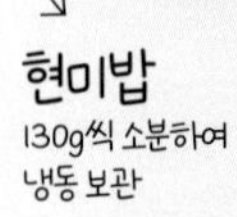

현미밥
130g씩 소분하여
냉동 보관

밥통 요거트

비빔간장
초고추장
양배추
채 썰어 냉장 보관
잎채소
브로콜리·양배추
쪄서 한 입 크기로 잘라 냉장 보관
달걀
삶아서 껍질 벗겨
냉장 보관
순두부
몽글몽글
순두부
콜리플라워
삶아서 냉동 보관

1

가장 만만한 재료

두부

순두부달걀밥

READY(1인분)

현미밥 130g
순두부 1/2팩
달걀 2개
표고버섯 1개
쪽파 2줄기
파프리카 조금
통깨 조금
맛술 1T
참치액 1/2t
소금 1/3t
참기름 조금

RECIPE

1 달걀물 만들기
달걀에 맛술, 참치액, 소금을 넣어 섞어서 달걀물을 만든다. 표고버섯은 흐르는 물에 한번 헹구어 기둥을 떼어 내고 쪽파, 파프리카와 같이 잘게 썬다. 달걀물에 잘게 썬 표고버섯, 쪽파, 파프리카를 넣어 섞는다.

2 순두부 썰기
현미밥은 분량대로 준비하고, 순두부는 1cm 두께로 도톰하게 썬다.

3 그릇에 담아 래핑하기
볼에 밥을 평평하게 펼쳐 담고 순두부를 올린 뒤 달걀물을 붓는다. 래핑한 뒤 젓가락으로 구멍 한두 개를 뚫어준다.

4 전자레인지에 돌리기
전자레인지에 3~4분 돌린 뒤 참기름과 통깨를 뿌려 완성한다.

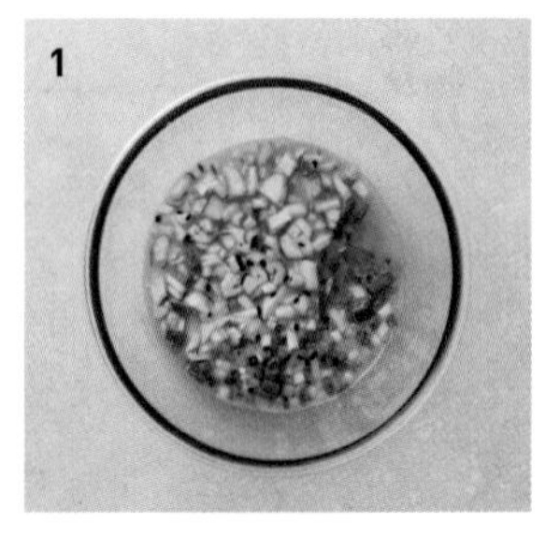

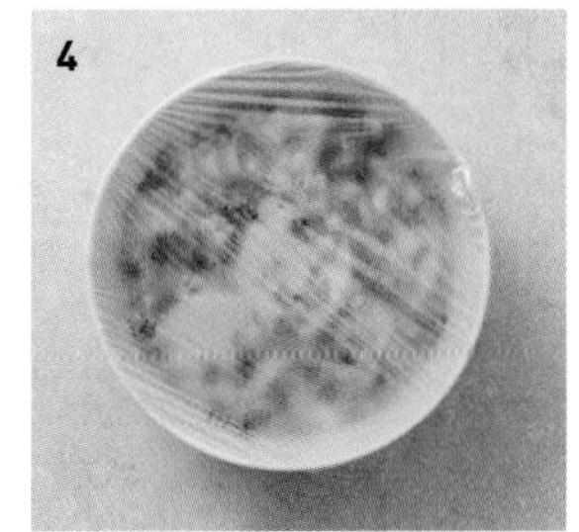

TIP

- 순두부와 현미밥에도 소금 1~2꼬집을 뿌려 살짝 밑간을 하면 재료의 맛이 따로 놀지 않아서 더 맛있습니다.
- 달걀이 부풀어오르니 넉넉한 볼에 담아 조리하세요.

두부강된장비빔밥

READY(1인분)

현미밥 130g
오이 1/3개
상추 3장
파프리카 1/4개
적양파 1/4개

강된장
두부 50g
된장 1T
다진 양파 1T
다진 청양고추 1T
올리고당 1t
들기름 1T

RECIPE

1 채소 다듬어 썰기

상추는 흐르는 물에 헹궈 물기를 완전히 뺀 뒤 2cm 폭으로 썬다. 오이, 파프리카는 사방 0.5cm 크기로 잘게 깍둑썰기 하고, 적양파는 가늘게 채 썬다.

2 두부 썰기

두부도 사방 0.5cm 크기로 깍둑썰기 한다.

3 강된장 익히기

내열 용기에 **2**의 두부와 나머지 강된장 재료를 넣고 섞어 랩을 씌운 뒤 30초씩 2~3회 전자레인지에 돌린다.

4 밥 위에 강된장 올리기

현미밥 위에 **1**의 재료를 돌려 담고 **3**의 강된장을 올려 완성한다.

TIP

- 소량의 강된장은 가스레인지에 끓이는 대신 전자레인지를 활용해 편리하게 만들 수 있어요.
- 전자레인지에 돌릴 때 랩에 구멍을 한두 군데 내면 더 빨리 데워집니다.

순두부애호박덮밥

READY(1인분)

흑미밥 130g
순두부 1/2팩
애호박 1/3개
홍고추 1/3개
마늘 2알
다진 쪽파 1T
통깨 조금
들기름 1T
소금 1~2꼬집

간단 멸치육수
물 1/2컵
멸치액젓 1t

RECIPE

1 재료 썰기
애호박은 0.3cm 두께의 부채꼴 모양으로, 순두부는 0.5cm 두께로 반달 모양으로 썰고 홍고추와 마늘은 모양 살려 편으로 썬다. 달걀은 풀어 소금 1~2 꼬집으로 간을 해둔다.

2 채소 볶기
팬을 달궈 들기름을 두른 다음 **1**의 애호박과 마늘, 홍고추를 넣고 기름을 코팅하듯 가볍게 볶아준다.

3 멸치육수 넣어 끓이기
2에 멸치육수 재료를 넣고 끓기 시작하면 순두부를 넣는다.

4 달걀물 넣어 익힌 뒤 밥에 올리기
육수가 바글바글 끓으면 **1**의 달걀물을 넣어 익히고 모자라는 간은 소금으로 조절한 뒤 밥 위에 올린다. 다진 쪽파와 통깨를 뿌려 마무리한다.

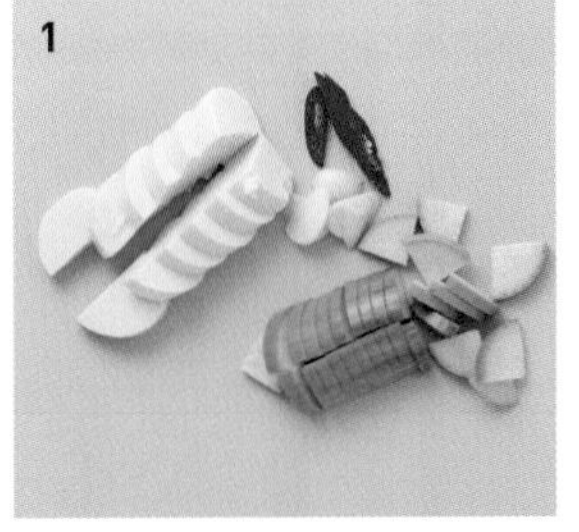

TIP
순두부는 포장 비닐을 벗긴 뒤 밀폐용기에 옮겨 냉장실에 하룻밤 뒀다 사용하면 수분이 빠져 조리했을 때 모양이 덜 으스러집니다.

두부부추비빔밥

READY(1인분)

현미밥 130g
두부 100g
식용유 적당량

양념장
다진 부추 5T
다진 파프리카 2T
고춧가루 1t
통깨 1T
국간장 2/3T
들기름 1T

RECIPE

1 두부 썰기
두부는 사방 1cm 주사위 모양으로 썰어 키친타월을 이용해 물기를 제거한다.

2 두부 튀기기
두부가 살짝 잠길 정도의 기름을 붓고 달군 다음 중약 불에서 겉면이 노릇해질 정도로 두부를 튀겨준다.

3 양념장 만들기
분량의 재료를 섞어 양념장을 만든다.

4 밥에 두부와 양념장 올리기
현미밥 위에 **3**의 양념장과 **2**의 튀긴 두부를 올려 완성한다.

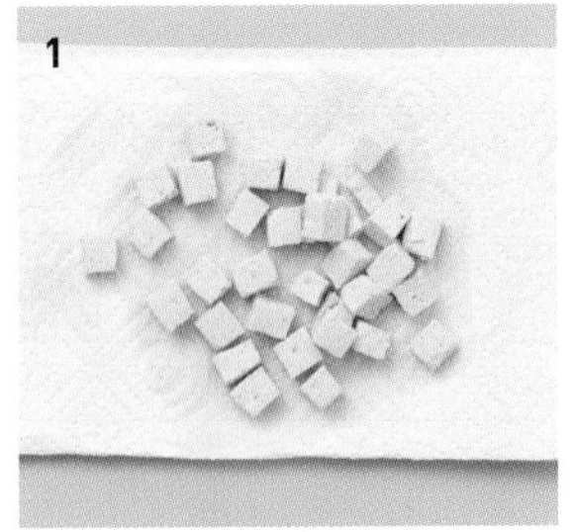

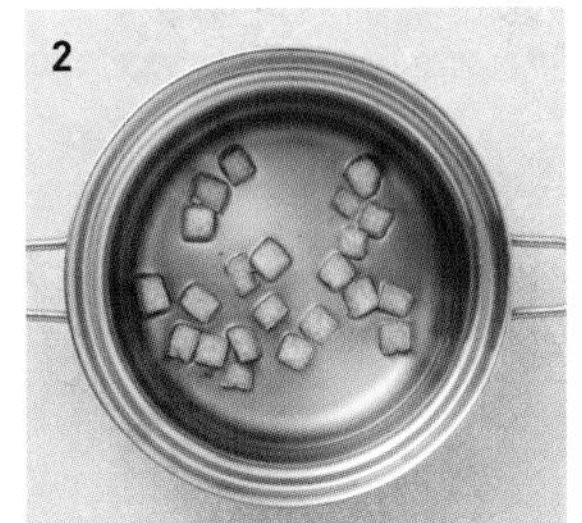

TIP
두부에 따로 전분을 묻히지 않아도 물기만 잘 제거하면 기름이 튀지 않아요.

순두부비빔밥

READY(1인분)

흑미밥 130g
순두부 1/2팩
양배추 조금

양념장
다진 적양파 3T
다진 쪽파 1T
고춧가루 1t
통깨 1T
국간장 2/3T
들기름 1T

RECIPE

1 순두부 데우기
순두부는 1cm 두께로 잘라 전자레인지에서 1분 정도 돌린다.

2 양념장 만들기
분량의 재료를 섞어 양념장을 만든다.

3 양배추 익히기
양배추는 채 썬 뒤 전자레인지에 30초 정도 살짝 돌려 부드럽게 익혀 준다.

4 밥에 순두부, 양배추, 양념장 올리기
밥 위에 순두부와 양배추, 양념장을 올려 완성한다.

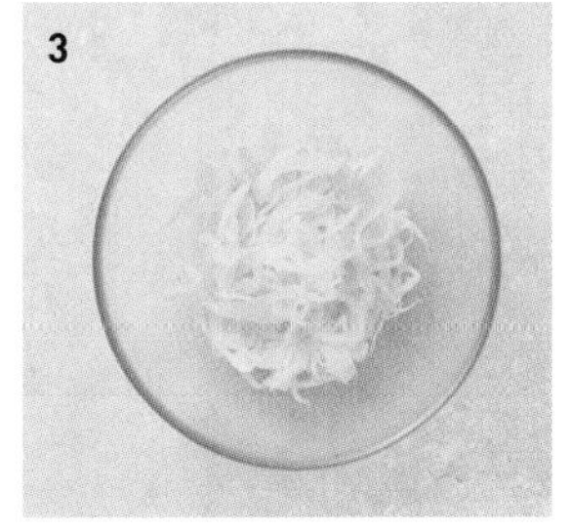

TIP
순두부를 전자레인지에 돌리면 온기도 생기고 수분도 좀 빠져서 비벼서 먹기 더 좋습니다.

두부마늘종덮밥

READY(1인분)

흑미밥 130g
두부 100g
마늘종 50g
통깨 조금
식용유 조금
참기름 1T
소금 2~3꼬집

RECIPE

1 두부 으깨기
두부는 칼등으로 으깬다.

2 마늘종 데치기
마늘종은 0.5cm 두께로 잘게 썰어 뜨거운 물에 30초 정도 살짝 데친 뒤 소금 1꼬집을 뿌려 밑간을 한다.

3 재료 볶기
팬을 달궈 식용유를 두르고 두부와 마늘종을 넣고 볶다가 소금 1~2꼬집을 뿌린다.

4 밥 위에 볶은 재료 올리기
3의 볶은 재료에 참기름과 통깨를 넣은 뒤 밥 위에 올려 낸다.

TIP

- 볶음밥용 두부는 단단한 손두부가 좋아요.
- 마늘종은 데치면 매운맛은 날아가고 단맛만 남아요. 이때 밑간을 해야 볶았을 때 맛이 겉돌지 않아요.

두부아삭이고추비빔밥

READY(1인분)

흑미밥 130g
두부 50g
아삭이고추 2개
적양파 1/5개

양념

된장 2/3T
다진 견과류 10g
고춧가루 1/2t
통깨 1T
올리고당 1t
참기름 1T

RECIPE

1 채소 다듬기
고추는 0.5cm 두께로 자르고 적양파는 사방 1cm 크기로 썬다.

2 두부 자르기
두부는 사방 1cm 크기로 잘라 전자레인지에 넣고 1분 정도 데운다.

3 양념 만들기
볼에 양념 재료를 모두 넣고 섞는다.

4 밥 위에 양념에 버무린 재료와 두부 올리기
3의 양념에 **1**의 고추와 적양파를 버무린 뒤 밥에 두부와 같이 올려 완성한다.

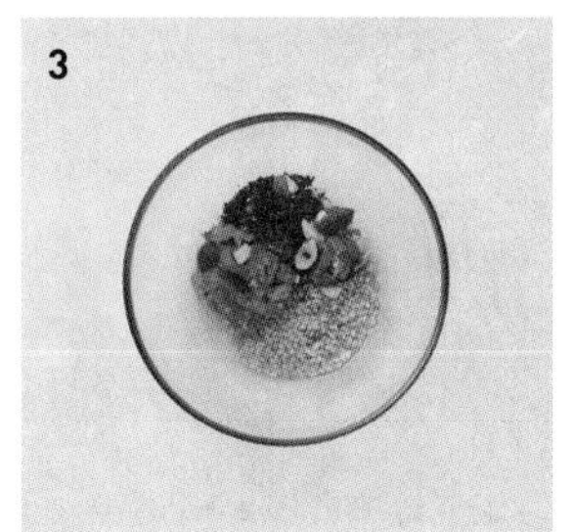

TIP
된장에 견과류를 넣으면 고소한 맛도 더해지고 씹히는 식감도 좋아집니다.

순두부현미죽

READY(1인분)

현미밥 50g
순두부 1/2팩
달걀 1개
물 1/2컵
소금 1꼬집

양념장
다진 쪽파 2T
고춧가루 1t
통깨 조금
국간장 1/2T
들기름 1T

RECIPE

1 순두부 끓이기
냄비에 순두부와 현미밥을 넣고 순두부를 으깨며 섞은 뒤 물 1/2컵을 넣고 중약 불로 끓이기 시작한다.

2 양념장 만들기
달걀을 풀어 소금 1꼬집으로 간을 해두고, 분량의 재료를 섞어 양념장을 만든다.

3 달걀물 넣기
1의 재료가 끓기 시작하면 불을 줄이고 **2**의 풀어둔 달걀을 넣어 골고루 저어준다.

4 양념장 올리기
달걀이 익으면 그릇에 옮겨 담고 **2**의 양념장을 올려 완성한다.

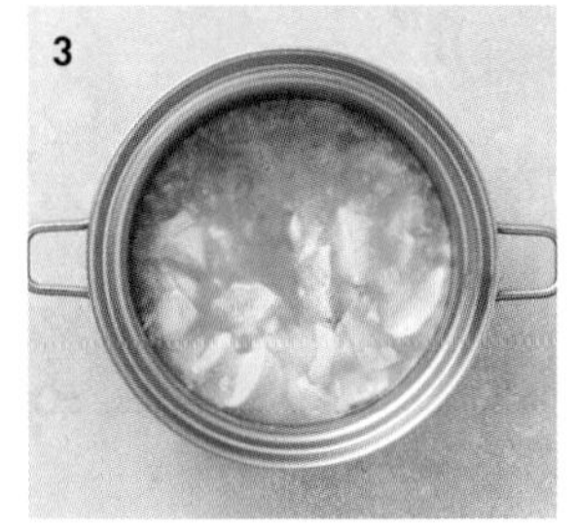

TIP
일반 현미밥 대신 찹쌀현미밥을 쓰면 적당히 끈기도 생기고 씹히는 맛도 더 좋습니다.

두부면비빔국수

READY(1인분)

두부면 100g
상추 3장
양배추 채 1줌
적양배추 채 1줌
양파 조금
삶은 달걀 1/2~1개
초고추장 1~2T

RECIPE

1 두부면 물기 빼기
두부면은 흐르는 물에 한번 헹궈 체에 밭쳐둔다.

2 채소 다듬기
상추는 한 입 크기로 썰고 양배추, 적양배추, 양파는 가늘게 채 썬다.

3 초고추장 만들기
분량의 재료를 섞어 초고추장을 만든다.(만드는 법은 15쪽 참조)

4 면 위에 재료 올리기
그릇에 두부면을 담고 **2**의 채소와 **3**의 초고추장, 삶은 달걀을 곁들여 낸다.

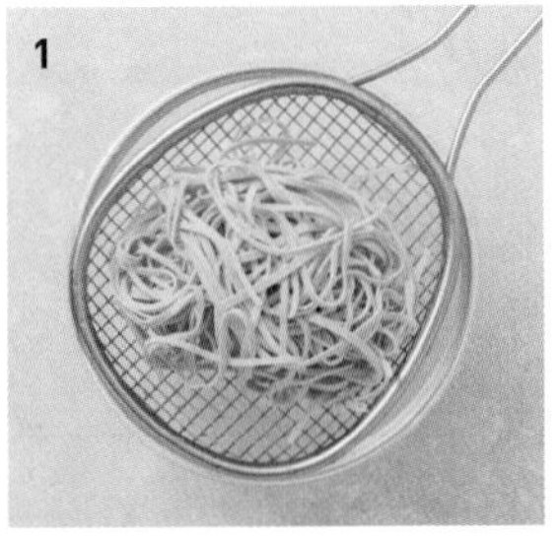

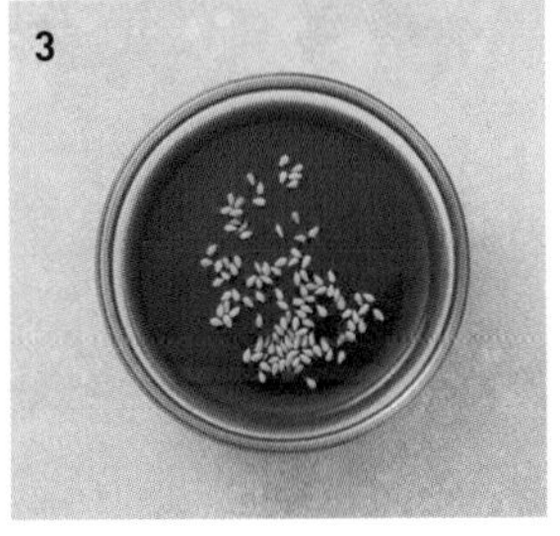

TIP

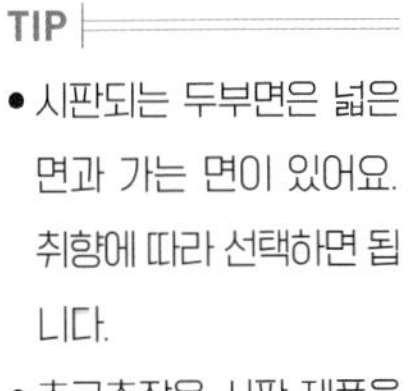
- 시판되는 두부면은 넓은 면과 가는 면이 있어요. 취향에 따라 선택하면 됩니다.

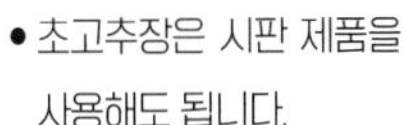
- 초고추장은 시판 제품을 사용해도 됩니다.

두부묵은지김밥

READY(1인분)

현미밥 130g
두부 100g
묵은지 50g
상추 3장
김밥용 김 1장
통깨 조금
들기름 조금
소금 3~4꼬집

RECIPE

1 두부 굽기

두부는 2cm 두께로 도톰하고 길게 썰어 소금을 2꼬집 뿌린 뒤 키친 타월로 물기를 닦는다. 그런 다음 프라이팬에 들기름을 두르고 앞뒤로 노릇하게 굽는다. 상추는 씻어 물기를 제거한다.

2 묵은지 썰기

묵은지는 찬물에 헹궈 양념을 씻어 내고 물기를 짠 뒤 길게 썰어둔다.

3 밥 밑간하기

현미밥에 소금, 들기름, 통깨를 넣어 밑간을 한다.(12쪽 참조)

4 김밥 말기

김밥용 김을 깔고 **3**의 밥을 펼친 다음 상추를 올리고 **1**의 두부와 **2**의 묵은지를 올린 뒤 상추로 재료를 한번 감싼 다음 김밥을 만다.

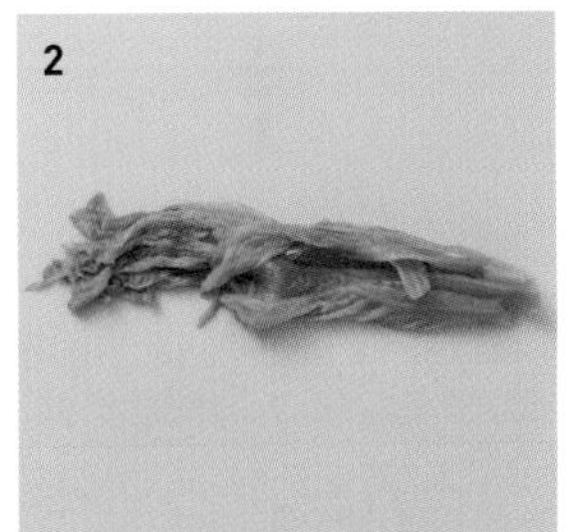

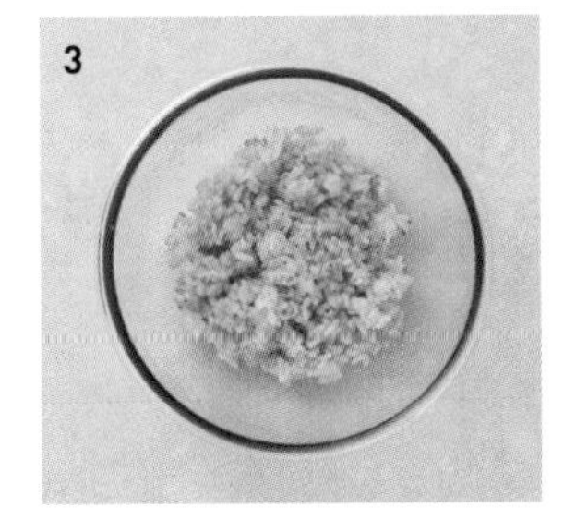

TIP

- 묵은지에는 참기름보다 들기름이 더 어울립니다.
- 김밥을 쌀 때 속재료를 김, 상추, 깻잎 등으로 먼저 한번 감싸주면 한결 말기가 수월해요.

쑥갓두부주먹밥

READY(1인분)

현미밥 130g
쑥갓 70g
두부 50g
파프리카 조금
통깨 조금
참기름 조금
소금 1~2꼬집

RECIPE

1 채소 준비하기
쑥갓은 끓는 물에 줄기부터 넣기 시작해 10초 내외로 데쳐 건진 뒤 찬물에 헹궈 물기를 꼭 짜서 잘게 다지고, 파프리카도 잘게 다진다.

2 두부 으깨기
두부는 용기에 담아 전자레인지에서 1분 정도 데운 뒤 키친타월에 올려 물기를 빼고 으깬다.

3 밥 밑간하기
볼에 현미밥과 **1**의 쑥갓과 파프리카, **2**의 두부를 넣고 통깨, 참기름, 소금을 넣어 섞어서 간을 한다.

4 둥글게 빚기
3의 재료를 둥글게 빚어 주먹밥을 만든다.

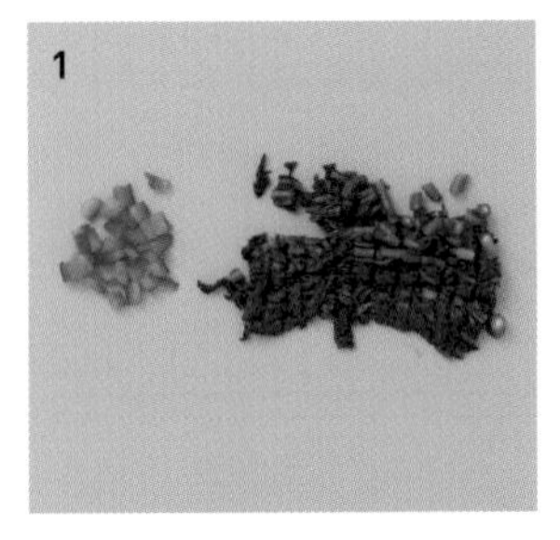

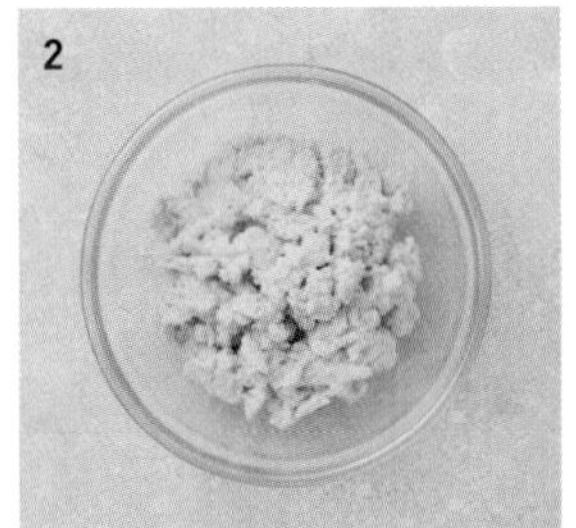

TIP

- 쑥갓 대신 참나물을 같은 방식으로 사용해도 잘 어울려요.
- 조리 전 두부의 물기를 최대한 빼야 주먹밥이 질척거리지 않습니다.

두부달걀샐러드

READY(1인분)

두부 100g
삶은 달걀 2개
양상추 50g
식용유 조금

소스

통깨 1T
간장 1T
들기름 1T
매실액 1T

RECIPE

1 두부, 소스 준비하기
두부는 1cm 두께로 도톰하게 한 입 크기로 잘라 키친타월에 올려 수분을 빼고, 분량의 재료를 섞어 소스도 만들어둔다.

2 달걀, 양상추 자르기
삶은 달걀은 반으로 자르고 양상추는 씻어 물기를 뺀 뒤 한 입 크기로 손으로 찢는다.

3 두부 굽기
달군 팬에 기름을 두르고 중약 불에서 두부를 앞뒤로 노릇해질 때까지 굽는다.

4 소스 뿌리기
접시에 양상추를 깔고 삶은 달걀과 구운 두부를 올린 다음 소스를 뿌려 완성한다.

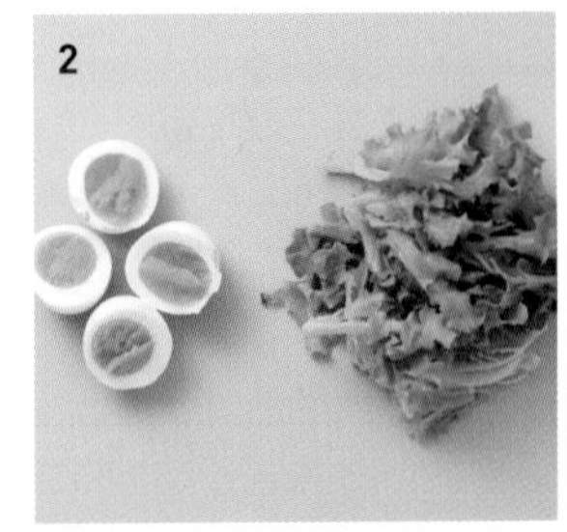

TIP

방울토마토나 양파를 곁들이면 더 맛있게 먹을 수 있어요.

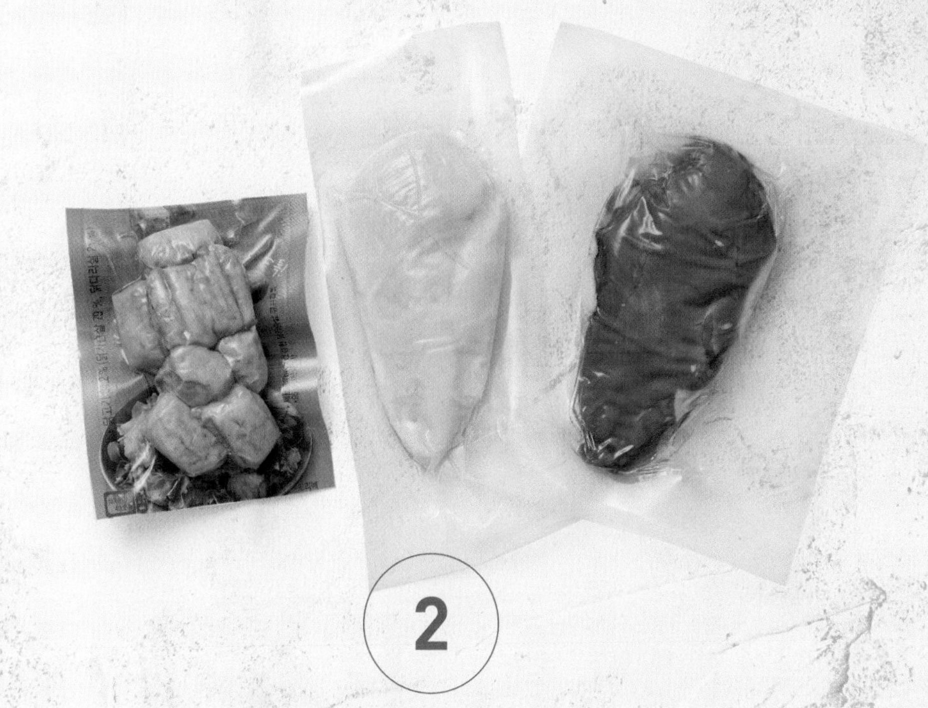

2

다이어트 필수 아이템

닭가슴살

닭가슴살가지덮밥

READY(1인분)

콜리플라워밥 150g
삶은 닭가슴살 100g
가지 1/2개
양파 1/4개
꽈리고추 3개
통깨 조금
굴소스 1t
식용유 조금
참기름 1T
소금 3~4꼬집

RECIPE

1 재료 준비하기

가지는 반으로 갈라 0.5cm 두께로 어슷하게 썰어 소금 3꼬집 정도 넣고 절인 뒤 물기를 짠다. 닭가슴살은 굵직하게 결대로 찢는다. 꽈리고추는 반으로 썰어 씨를 털어 내고, 양파는 가늘게 채 썬다.

2 채소 볶기

달군 팬에 식용유를 두르고 **1**의 양파, 꽈리고추를 넣고 먼저 볶다가 절인 가지를 넣고 30초 정도 가볍게 볶아준다. 이때 소금 1꼬집으로 밑간을 한다.

3 닭가슴살 넣고 간하기

2의 팬에 **1**의 찢은 닭가슴살과 굴소스를 넣고 섞는다.

4 밥에 볶은 채소와 닭가슴살 올리기

3의 재료가 골고루 섞이면 참기름과 통깨를 넣어 마무리하고 밥 위에 올린다.

TIP

냉동 닭가슴살은 냉장실에서 해동 후 물에 한번 헹군 뒤 충분히 잠길 만큼의 물에 청주 1~2T와 함께 넣고 중간 불에서 끓이다 끓어오르면 약한 불로 조절한 후 5분 정도 더 삶습니다. 불을 끄고 뚜껑을 닫은 채로 10여 분 두면 여열로 부드럽게 익습니다.

닭가슴살브로콜리볶음밥

READY(1인분)

현미밥 130g
삶은 닭가슴살 50g
데친 브로콜리 50g
두부 50g
통깨 조금
식용유 조금
참기름 조금
허브솔트 1/3t

RECIPE

1 재료 준비하기
삶은 닭가슴살은 굵게 다지고, 데친 브로콜리는 한 입 크기로 모양을 살려 썰고, 두부는 으깨어 준비한다.

2 재료 볶으며 밑간하기
달군 팬에 식용유를 두르고 **1**의 재료 중 두부를 먼저 볶다가 닭가슴살, 브로콜리를 넣어 볶으면서 허브솔트를 약간 넣어 밑간을 한다.

3 밥 섞어 볶기
2의 팬에 현미밥을 넣고 밥에도 허브솔트를 가볍게 뿌려준 다음 잘 섞어가며 볶는다.

4 통깨, 참기름 넣기
모든 재료가 서로 잘 섞이면 통깨, 참기름을 넣고 마무리한다.

TIP

- 팬에 재료를 볶을 때 두부를 맨 먼저 넣어 수분을 충분히 날린 후 나머지 재료를 넣어주세요.
- 밥과 채소에 각각 밑간을 하고 마지막에 모자란 간만 약간 맞추면 간이 고루 배어 소금을 오히려 덜 사용할 수 있어요.

닭가슴살카레볶음밥

READY(1인분)

콜리플라워밥 150g
삶은 닭가슴살 50g
양파 1/4개
파프리카 조금
다진 쪽파 조금
카레가루 1T
통깨 조금
식용유 조금
참기름 조금
소금 1꼬집

RECIPE

1 재료 썰기
삶은 닭가슴살은 사방 1cm 크기로 썰고, 양파와 파프리카는 사방 0.5cm 크기로 썬다.

2 재료 볶기
팬을 달궈 식용유를 두르고 **1**의 닭가슴살과 양파, 파프리카를 넣고 볶다가 소금 1꼬집으로 밑간을 한다.

3 밥, 카레가루 넣기
2의 팬에 밥과 카레가루를 넣는다.

4 양념으로 마무리하기
재료에 카레 색이 골고루 배면 참기름을 두르고 통깨와 쪽파를 뿌려 완성한다.

TIP

- 간단하게 만들 수 있고 식어도 맛있어서 다이어트 도시락 메뉴로 활용하기 좋아요.
- 찬밥은 덩어리가 져서 잘 안 볶아집니다. 전자레인지에 30초 정도 돌려 사용하는 게 좋아요.

초계곤약국수

READY(1인분)

곤약면 200g
삶은 닭가슴살 100g
오이 1/4개
시판 냉면육수 300g
깨소금 1T

오이절임 양념
식초 1t
설탕 1t
소금 1~2꼬집

TIP

- 위생팩에 오이와 양념 재료를 넣어 꽉 눌러 공기를 빼고 절이면 금방 간이 배어 편리해요.
- 참기름이 들어가지 않는 면 요리에는 통깨보다 깨소금을 넣으면 고소하고 맛있습니다.

RECIPE

1 면 준비하기
곤약면은 생수에 한번 헹군 다음 체에 밭쳐 물기를 뺀다.

2 오이 절이기
오이는 0.2cm 두께의 반달 모양으로 어슷하게 썬 뒤 분량의 오이절임용 양념을 넣어 5분 정도 절인 다음 꼭 짜서 물기를 뺀다.

3 닭가슴살 결대로 찢기
삶은 닭가슴살은 도톰하게 결대로 찢는다.

4 면, 고명, 육수 담기
볼에 **1**의 곤약면을 담고 **2**의 절인 오이와 **3**의 닭가슴살을 올린 뒤 깨소금을 뿌리고 냉면육수를 부어 완성한다.

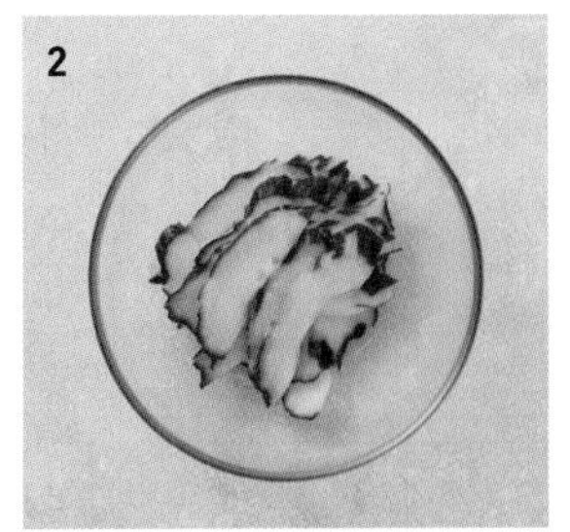

닭가슴살파프리카김밥

READY(1인분)

현미밥 130g
훈제 닭가슴살 70g
파프리카 1/2개
깻잎 3장
김밥용 김 1장
통깨 조금
참기름 조금
소금 1~2꼬집

RECIPE

1 닭가슴살 준비하기
훈제 닭가슴살은 결대로 굵게 찢거나 길쭉하게 썬다.

2 채소 준비하기
파프리카는 0.5cm 두께로 길쭉하게 썰고 깻잎은 씻어 물기를 닦아 준비한다.

3 밥 밑간하기
현미밥에 소금, 참기름, 통깨를 넣고 밑간한다.(12쪽 참조)

4 김밥 말기
김밥용 김에 **3**의 현미밥을 펼치고 깻잎을 올린 뒤 **1**의 닭가슴살과 **2**의 파프리카를 올리고 깻잎으로 감싸서 만다.

TIP

- 간이 안 된 삶은 닭가슴살을 쓰는 경우 찢어서 소금 1꼬집과 소량의 참기름으로 밑간을 해서 사용하면 훨씬 맛있습니다.
- 김밥 말 때 속재료를 깻잎이나 상추 같은 잎채소로 감싸서 말면 더 쉽게 말아집니다.

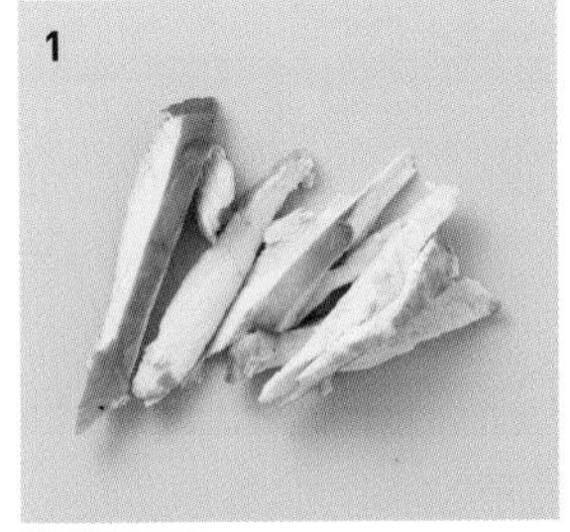

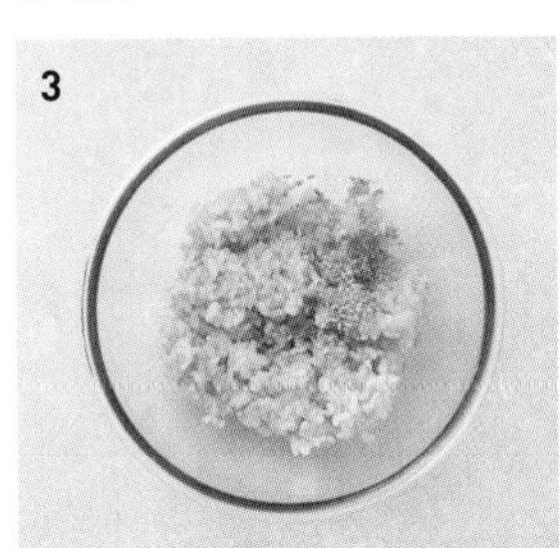

닭가슴살유부초밥

READY(1인분)

현미두부밥 150g
훈제 닭가슴살 100g
초밥용 조미유부 4개
다진 쪽파 조금
통깨 조금
참기름 조금
소금 1~2꼬집

RECIPE

1 닭가슴살 준비하기
훈제 닭가슴살은 잘게 다져 준비한다.

2 밥에 밑간하기
현미두부밥에 소금, 참기름, 통깨로 간을 한다.(12쪽 참조)

3 유부에 밥 넣기
조미유부의 물기를 가볍게 짠 다음 **2**의 현미두부밥으로 유부의 반 정도를 채운다.

4 초밥에 닭가슴살 올리기
3의 밥 위에 **1**의 훈제 닭가슴살을 올리고 다진 쪽파를 취향대로 올려 완성한다.

1

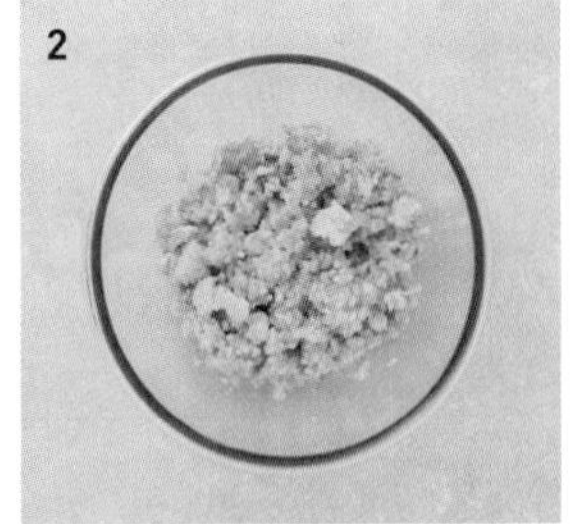
2

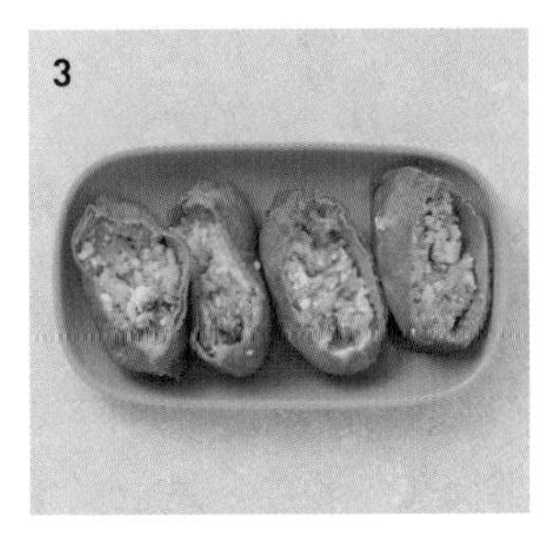
3

4

TIP

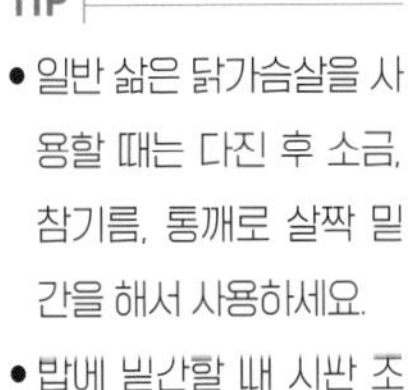
- 일반 삶은 닭가슴살을 사용할 때는 다진 후 소금, 참기름, 통깨로 살짝 밑간을 해서 사용하세요.

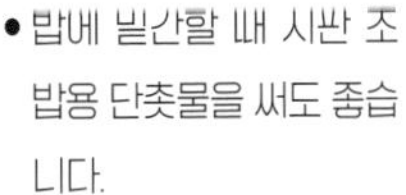
- 밥에 밑간할 때 시판 초밥용 단촛물을 써도 좋습니다.

닭가슴살주먹밥

READY(1인분)

현미밥 130g
삶은 닭가슴살 50g
통깨 1t
고추장 2t
참기름 1+1/3T

RECIPE

1 닭가슴살 준비하기
삶은 닭가슴살은 잘게 다진다.

2 밥에 밑간하기
현미밥에 분량의 고추장, 참기름, 통깨를 넣고 간을 한다.(12쪽 참조)

3 밥에 닭가슴살 섞기
2의 밥에 **1**의 다진 닭가슴살을 넣고 잘 섞는다.

4 주먹밥 굽기
3의 밥을 둥글게 빚어 납작하게 누른 다음 참기름 두른 팬에 넣고 앞뒤로 구워 완성한다.

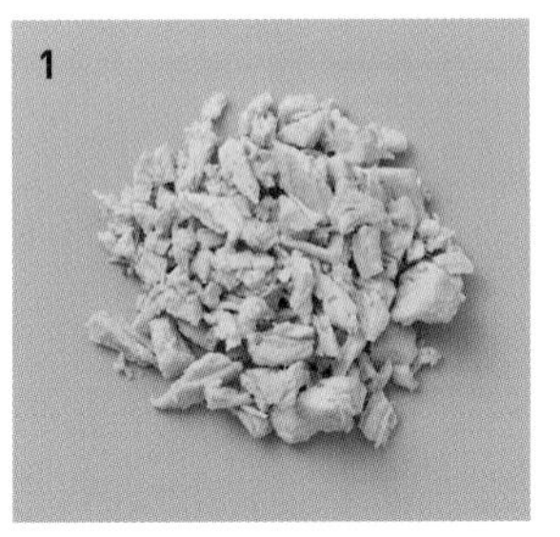

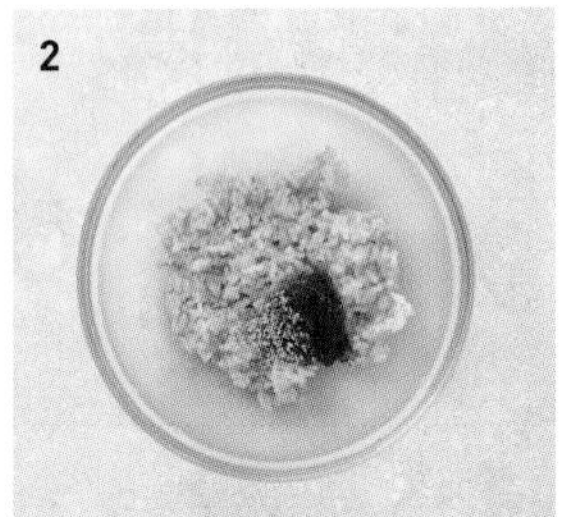

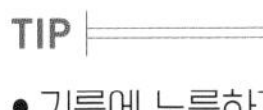

- 기름에 노릇하게 앞뒷면을 구워 내면 고소한 맛이 더해져서 별미입니다.
- 굽지 않고 동그랗게 말아 그냥 주먹밥으로도 먹어도 좋아요.

닭가슴살오이샐러드

READY(1인분)

훈제 닭가슴살 100g
오이 1/2개
적양파 1/4개
파프리카 조금
양상추 조금

소스

고추냉이 1t
설탕 0.5T
간장 1t
식초 1T
올리브유 1T
깨소금 1T

RECIPE

1 닭가슴살 썰기

훈제 닭가슴살은 편으로 얇게 썰어 준비한다.

2 채소 손질하기

오이는 반으로 갈라 사선으로 어슷하게 썰고, 양파와 파프리카는 얇게 채 썰고, 양상추는 먹기 좋은 크기로 찢어준다.

3 소스 만들기

분량의 재료를 잘 섞어 소스를 만든다.

4 재료 모아 담고 소스 뿌리기

접시에 **2**의 채소와 **1**의 닭가슴살을 담은 뒤 **3**의 소스를 끼얹어 완성한다.

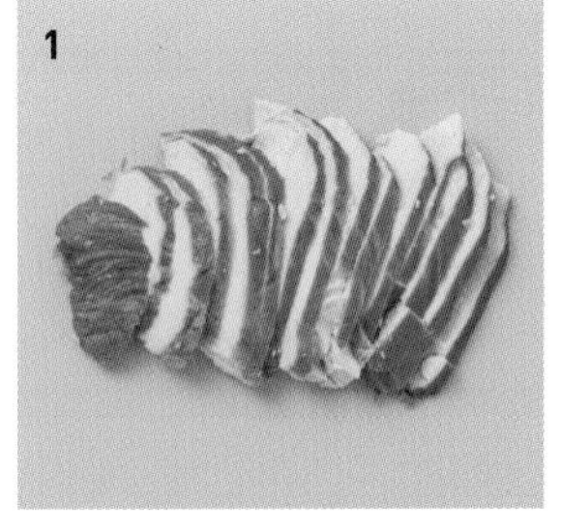

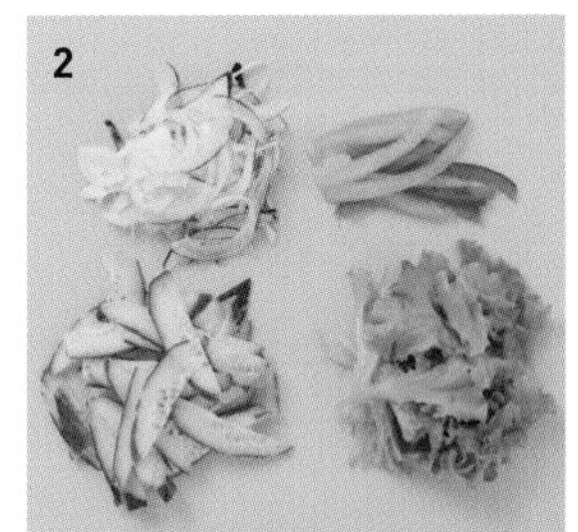

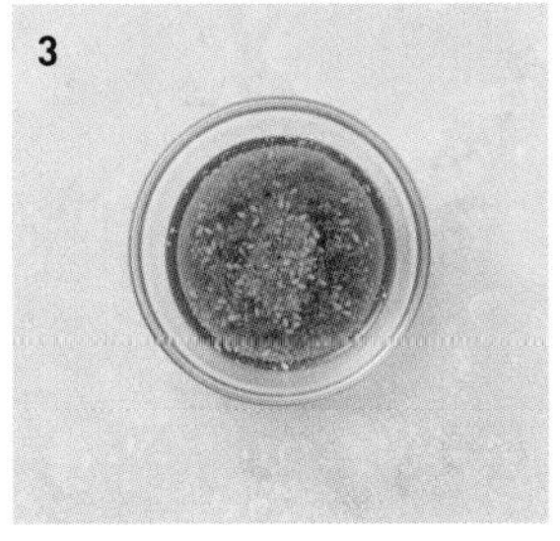

TIP

샐러드용 채소는 칼질 후에 물에 잠시 담갔다가 쓰면 아삭거림이 더 살아납니다. 이때 물기는 채소 탈수기 등을 이용해 최대한 빼줘야 해요.

닭가슴살파프리카냉채

READY(1인분)

삶은 닭가슴살 100g
파프리카 1/2개
오이 1/3개

소스
다진마늘 1t
깨소금 1T
연겨자 1t
간장 1t
들기름 1T
설탕 1T

RECIPE

1 닭가슴살 준비하기
닭가슴살은 결대로 찢는다.

2 채소 준비하기
오이는 반으로 갈라 씨를 긁어 낸 뒤 얇게 어슷썰기 하고, 파프리카도 얇게 채 썬다.

3 소스 만들기
분량의 재료를 잘 섞어 소스를 만든다.

4 재료 모아 담고 소스 뿌리기
접시에 **1**, **2**의 재료를 돌려 담고 **3**의 소스를 끼얹어 낸다.

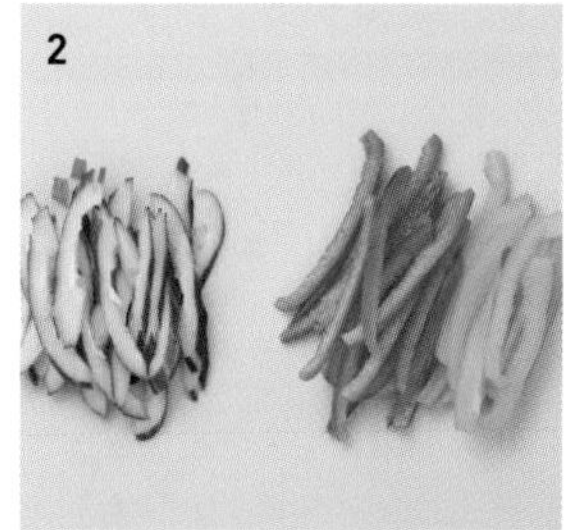

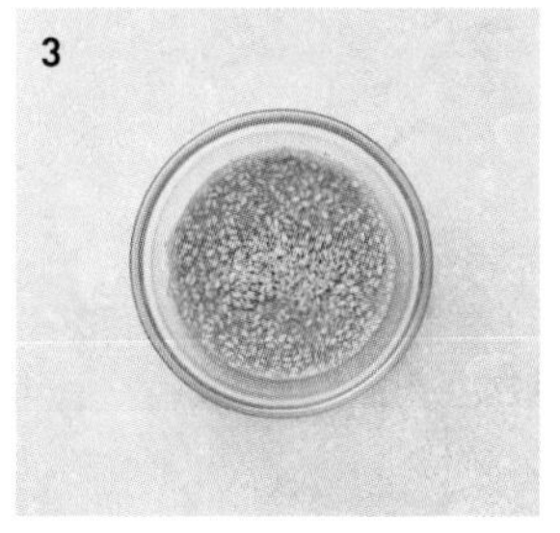

닭가슴살채소볶음

READY(1인분)

큐브 닭가슴살 100g
적양파 1/4개
파프리카 1/2개
양배추 50g
꽈리고추 3개
통깨 조금
식용유 조금
참기름 조금
허브솔트 조금
후춧가루 조금

RECIPE

1 닭가슴살 준비하기

큐브 닭가슴살은 뜨거운 물을 한번 부은 뒤 물기를 빼둔다.

2 채소 준비하기

양파, 파프리카, 양배추는 사방 1.5cm 크기로 썰고, 꽈리고추는 반으로 자른다.

3 채소 볶기

팬을 달궈 식용유를 두른 다음 **2**의 채소를 넣고 볶다가 허브솔트로 밑간을 한다.

4 닭가슴살 넣고 마무리하기

3의 팬에 **1**의 닭가슴살을 넣고 볶다가 참기름, 통깨를 조금 뿌려 마무리한다.

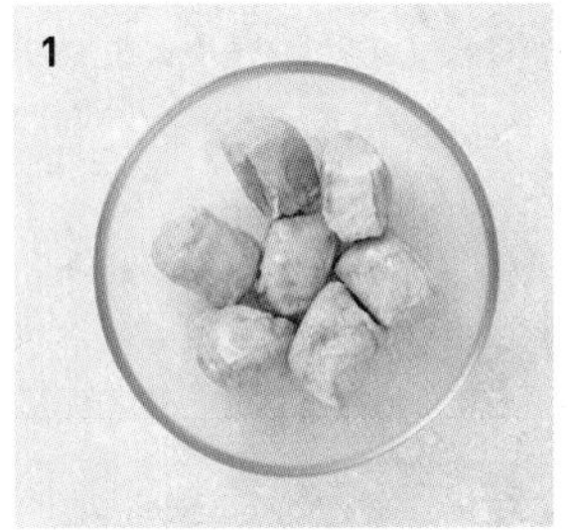

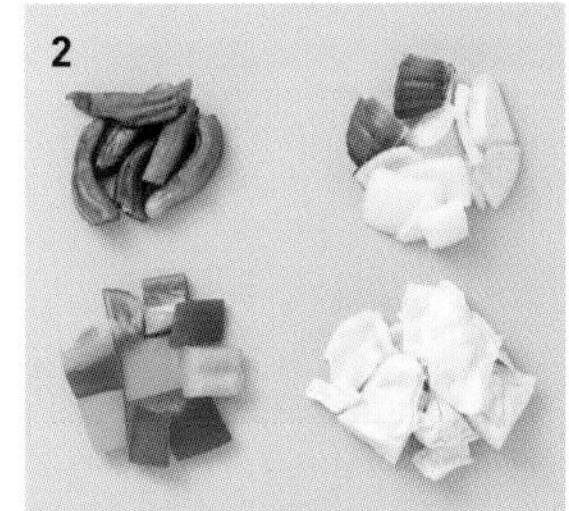

3

놓칠 수 없는 고기의 맛

육류

불고기배추덮밥

READY(1인분)

현미밥 130g
쌈배추 100g
소고기 50g
양파 1/5개
다진 쪽파 2T
식용유 조금
소금 1~2꼬집
후춧가루 조금

양념장
간장 1T
맛술 1T
올리고당 1/2T
다진 마늘 1t
통깨 조금
참기름 조금
후춧가루 조금

RECIPE

1 재료 썰기
쌈배추는 폭 1cm 정도로 굵게 채 썰고 소고기는 키친타월에 올려 핏물을 뺀다.

2 양념장 만들기
분량의 재료로 양념장을 만든다.

3 재료 볶기
팬을 달궈 기름을 두르고 **1**의 쌈배추와 소고기를 팬에서 볶다가 소금, 후춧가루를 약간씩 뿌려 밑간을 한다.

4 양념장 넣고 끓여 밥에 올리기
3의 재료에 **2**의 양념장을 넣고 중약 불에서 끓으면 약한 불로 줄여 뚜껑을 닫고 1분 정도 뜸을 들인다. 그릇에 현미밥을 담고 그 위에 볶은 재료를 올린 다음 다진 쪽파를 뿌린다.

TIP

- 소고기는 키친타월로 핏물을 닦는 대신 물에 한 번 헹궈 꼭 짜서 써도 좋아요.
- 소고기와 배추를 한꺼번에 섞어 볶지 말고 먼저 배추를 볶다가 한쪽으로 밀고 고기를 볶은 뒤 섞어주면 배추에 고기의 핏물이 들어가지 않아 더 깔끔하게 조리할 수 있습니다.

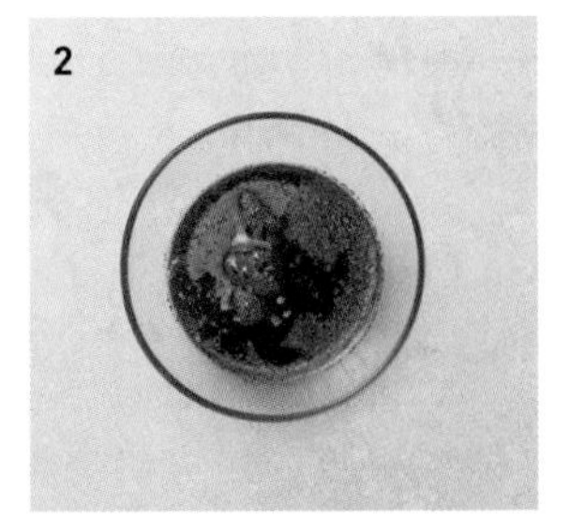

목살양배추채덮밥

READY(1인분)

현미밥 130g
돼지목살 100g
양배추 50g
적양파 1/4개
식용유 조금
통깨 조금

양념
다진 마늘 1t
간장 1T
맛술 1T
굴소스 1/2t
올리고당 1T
후춧가루 조금

RECIPE

1 채소 썰기
양배추와 적양파는 가늘게 채 썬다. 분량의 재료를 미리 섞어 양념을 만들어둔다.

2 목살 굽기
팬을 달궈 기름을 두르고 목살을 굽다가 한 입 크기로 자른다.

3 양념 넣어 졸이기
2의 목살에 **1**에서 만들어둔 양념을 넣어 고기에 윤기가 나게 졸인다.

4 밥에 올리기
현미밥 위에 채 썬 양배추와 적양파를 수북히 담고 **3**의 고기를 올려 완성한다.

TIP
- 채 썬 채소는 물에 잠깐 담갔다가 물기를 빼고 사용하면 훨씬 더 아삭해요.
- 목살은 통으로 구운 다음 꺼내 도마에 놓고 잘라도 됩니다.
- 밥과 비벼 먹을 때는 양념 국물이 좀 남아 있어야 맛있습니다. 너무 바짝 졸이지 마세요.

1

2

3

4

소고기비빔밥

READY(1인분)

현미두부밥 150g
소고기 100g
상추 4장
적양파 조금

양념장

다진 홍고추 1t
다진 쪽파 1t
통깨 1t
간장 1T
들기름 1T

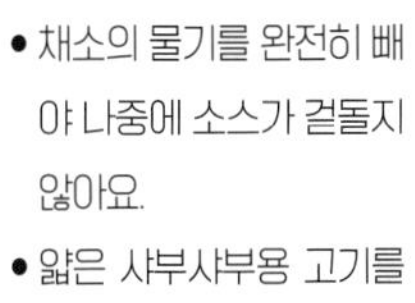

TIP

- 채소의 물기를 완전히 빼야 나중에 소스가 겉돌지 않아요.
- 얇은 샤부샤부용 고기를 사용하면 끓는 물에 살짝만 익혀 담백하게 먹을 수 있어 좋아요.

RECIPE

1 채소 준비하기
상추는 먹기 좋게 썰고 양파는 가늘게 채 썰어 찬물에 30초 정도 담갔다가 물기를 제거한다.

2 소고기 데치기
소고기는 끓는 물에 데친다.

3 양념장 만들기
분량의 재료를 섞어 양념장을 만들어둔다.

4 준비한 재료 밥에 얹기
그릇에 현미두부밥, **1**의 채소, **2**의 데친 소고기를 담고 **3**의 양념장을 올려 완성한다.

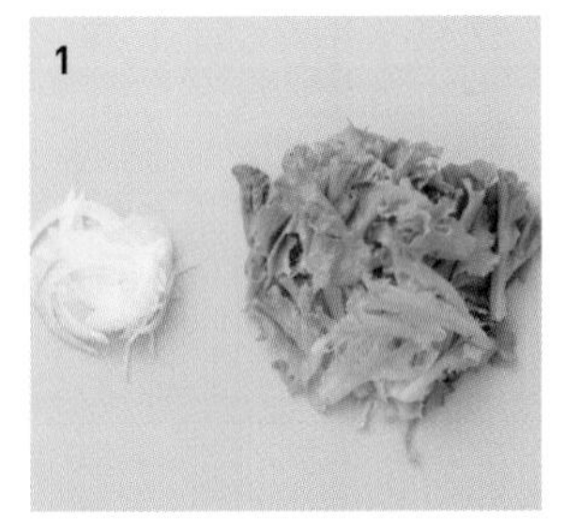

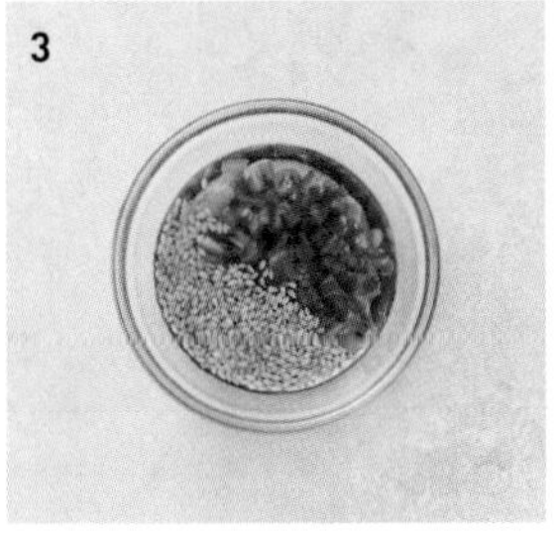

훈제오리부추덮밥

READY(1인분)

현미두부밥 150g
훈제오리 70g
상추 3장
부추 1/2줌
양파 1/4개
파프리카 조금

겉절이 양념
고춧가루 1t
통깨 1T
국간장 1/2T
들기름 1T

RECIPE

1 훈제오리 굽기
훈제오리는 팬에 기름 없이 올려 중약 불에서 앞뒤로 30초 내외로 구워 낸다.

2 채소 씻어 물기 빼기
상추, 부추, 양파, 파프리카는 씻어 물기를 빼둔다.

3 채소 썰기
상추는 1cm 폭, 부추는 5cm 길이로 썰고, 양파와 파프리카는 0.3cm 두께로 채 썬다.

4 채소 양념에 무쳐 밥에 곁들이기
볼에 **3**의 채소를 담고 분량의 겉절이 양념 재료를 넣어 가볍게 무친다. 그릇에 현미두부밥을 담고 양념에 무친 채소와 구운 훈제오리를 곁들여 완성한다.

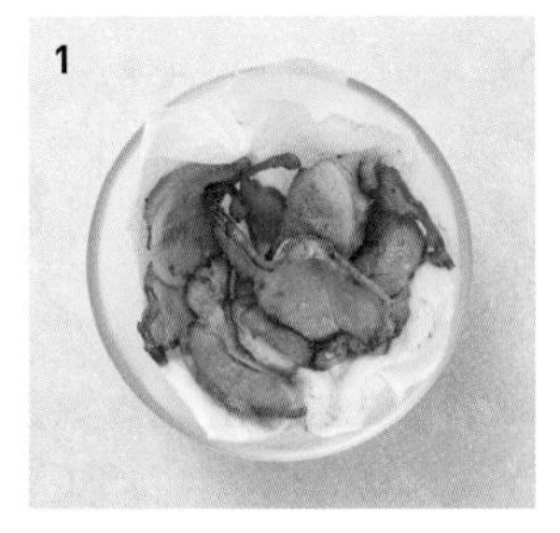

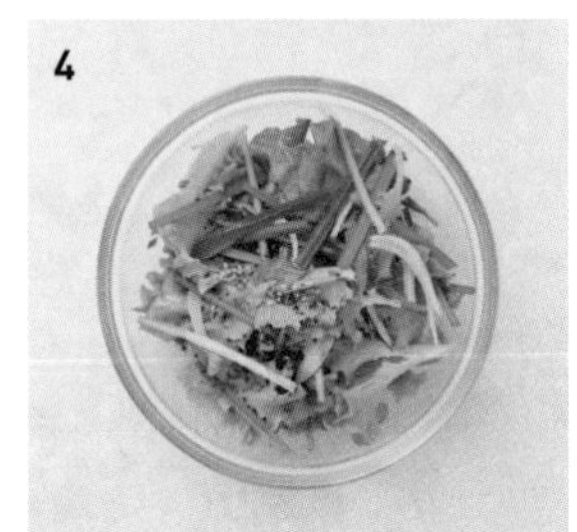

TIP

- 훈제오리는 이미 익힌 상태이므로 기름기를 빼면서 한번 데우는 정도로만 구워주세요.
- 양념 재료의 양이 적기 때문에 미리 섞어 준비할 것 없이 바로 채소 위에 뿌려 가볍게 무치는 것이 더 편리합니다.

훈제오리볶음밥

READY(1인분)

현미밥 130g
훈제오리 70g
부추 1/2줌
양파 1/4개
마늘 3알
파프리카 조금
통깨 조금
참기름 조금
허브솔트 1/3t

TIP

따로 식용유 두를 필요 없이 오리 자체에서 나오는 기름으로 채소를 볶으면 됩니다.

RECIPE

1 재료 썰기

훈제오리는 사방 1cm 크기로, 부추, 양파, 파프리카는 0.5cm 크기로 잘게 자르고, 마늘은 편으로 썬다.

2 재료 볶기

팬을 달궈 **1**의 훈제오리와 마늘을 먼저 볶다가 부추를 제외한 나머지 재료를 넣어 볶는다.

3 허브솔트 뿌리기

2의 팬에 밥을 넣고 허브솔트를 뿌려 간을 한다.

4 참기름, 부추, 통깨 뿌리기

모든 재료가 잘 섞이면 참기름을 조금 두르고 부추와 통깨를 뿌려 완성한다.

우삼겹온국수

READY(1인분)

넓은 두부면 100g
우삼겹 50g
숙주 50g
대파 1/5개
멸치육수 2컵
국간장 2t
식용유 조금
허브솔트 조금

RECIPE

1 두부면, 숙주, 대파 준비하기
두부면은 체에 밭쳐 물기를 빼고 숙주도 물에 헹구어 건져둔다. 대파는 둥근 모양을 살려 얇게 썬다.

2 우삼겹 익히고 허브솔트 뿌리기
팬에 기름을 조금 두른 다음 우삼겹을 넣고 굽는다. 연갈색으로 익기 시작하면 허브솔트를 조금 뿌려 간을 한다.

3 국간장, 숙주 넣기
멸치육수가 끓으면 국간장으로 간을 한 뒤 숙주를 넣고 불을 끈다.

4 육수 붓고 재료 올리기
그릇에 **1**의 두부면을 넣고 **3**의 육수를 부은 다음 **2**의 구운 우삼겹을 올리고 대파를 고명으로 올려 완성한다.

TIP

- 우삼겹은 면 위에 올라가는 거라 구운 다음 키친타월에 잠시 올려두면 기름기가 빠져 담백하게 먹을 수 있어요.
- 숙주는 살짝만 익혀주세요. 오래 익히면 숨이 죽어서 축 늘어져요.
- 멸치육수는 티백이나 코인 형태로 나온 시판 제품을 활용하면 편리합니다.

샤부비빔쌀국수

READY(1인분)

버미셀리 20g
샤부샤부용 소고기 100g
숙주 1줌
상추 5장
양파 1/4개

양념장

다진 쪽파 1T
다진 홍고추 1T
통깨 1T
멸치액젓 1T
들기름 1T
포도씨유 1T

RECIPE

1 상추, 양파 썰기

상추는 씻어 한 입 크기로 썰고, 양파는 가늘게 채 썰어 찬물에 담가 매운맛을 빼둔다. 숙주도 씻어 준비한다.

2 버미셀리, 숙주 데쳐 식히기

버미셀리는 끓는 물에 2분 정도 삶은 뒤 찬물에 헹궈 물기를 뺀다. 숙주도 끓는 물에 30초 넣었다가 체에 밭쳐 식힌다.

3 소고기 데치고 양념장 만들기

샤부샤부용 쇠고기는 끓는 물에 데치고, 분량의 재료를 섞어 양념장을 만든다.

4 양념장 곁들이기

넓은 접시에 **1**, **2**, **3**의 재료를 모두 돌려 담고 양념장을 곁들여 낸다.

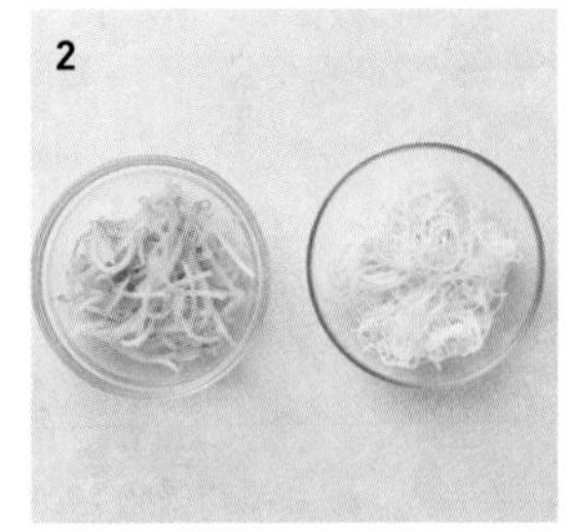

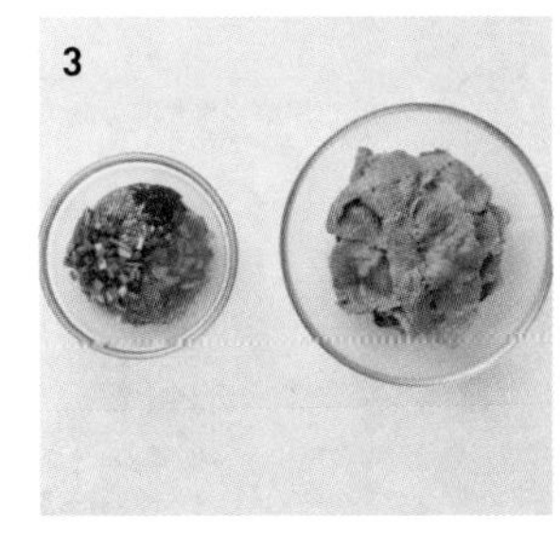

TIP

버미셀리는 면이 얇아 금방 삶아집니다. 버미셀리 삶은 물에 바로 숙주도 데치면 편리합니다.

소고기샤부찜

READY(1인분)

샤부샤부용 소고기 100g
쌈배추 3장
팽이버섯 1/2봉
부추 1/2줌
숙주 100g
당근 조금

소스

간장 1T
맛술 1T
들기름 1T
깨소금 1T

TIP

- 소고기가 서로 붙어 있다면 적당히 떼어 담아야 골고루 익습니다. 소고기로 숙주를 말아 쪄도 좋아요.
- 찌는 요리는 냄비의 물이 끓는 상태에서 재료를 올려야 빨리 찔 수 있어요.

RECIPE

1 채소 손질하기
팽이버섯은 밑동을 떼어 내고, 당근, 쌈배추와 부추, 당근은 팽이버섯과 비슷한 길이로 썬다.

2 소고기 핏물, 숙주 물기 빼기
소고기는 키친타월에 올려 핏물을 빼고, 숙주는 물에 한번 헹궈 물기를 빼둔다.

3 채소, 소고기 담기
찜기에 손질해둔 **1**과 **2**의 채소와 소고기를 돌려 담는다.

4 재료 찌고 소스 곁들여 내기
냄비의 물이 끓으면 **3**의 찜기를 넣고 뚜껑을 닫는다. 김이 올라오기 시작한 후 1분 정도 지나 소고기가 익으면 불을 끄고 소고기와 채소를 그릇에 담는다. 분량의 소스 재료를 섞어 소스를 만든 다음 곁들여 낸다.

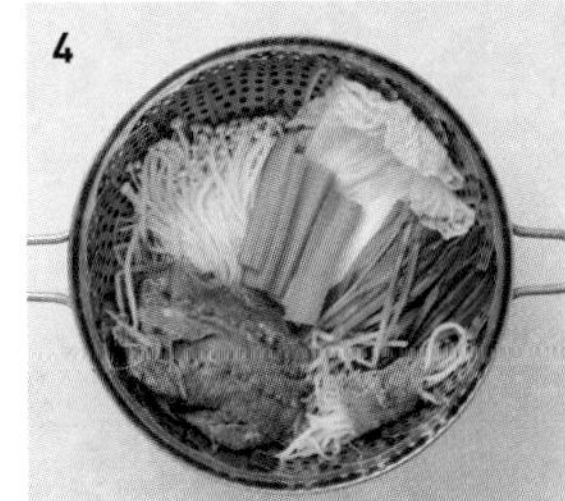

대패삼겹살김밥

READY(1인분)

현미밥 130g
대패 삼겹살 100g
상추 3장
오이 1/4개
당근라페 50g
김밥용 김 1장
통깨 조금
참기름 조금
소금 3~4꼬집
후춧가루 조금

RECIPE

1 채소 준비하기

상추는 씻어 물기를 완전히 빼두고, 오이는 길게 썬다.

2 고기 데치기

대패 삼겹살은 끓는 물에 데친 뒤 찬물에 살짝 담갔다가 물기를 빼고 소금 1~2꼬집과 후춧가루를 뿌려 밑간을 한다.

3 밥에 밑간하기

준비한 현미밥에 소금, 참기름, 통깨를 뿌려 밑간을 한다.(12쪽 참조)

4 재료 올려 김밥 말기

김 위에 **3**의 현미밥을 펼친 뒤 상추를 깔고 **2**의 대패 삼겹살, 오이, 당근라페를 올려 상추로 속재료를 감싼 뒤 말아준다.

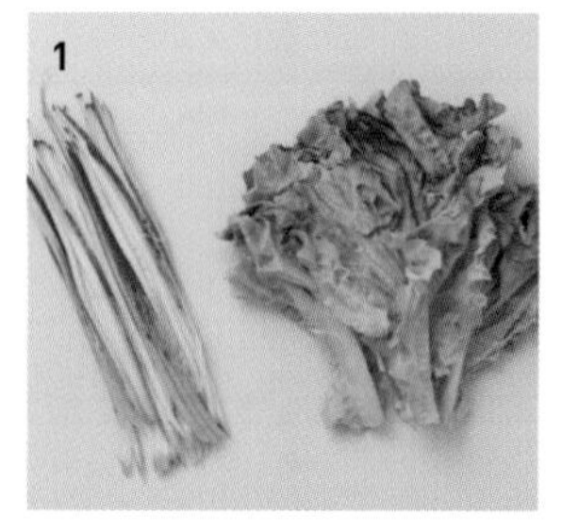

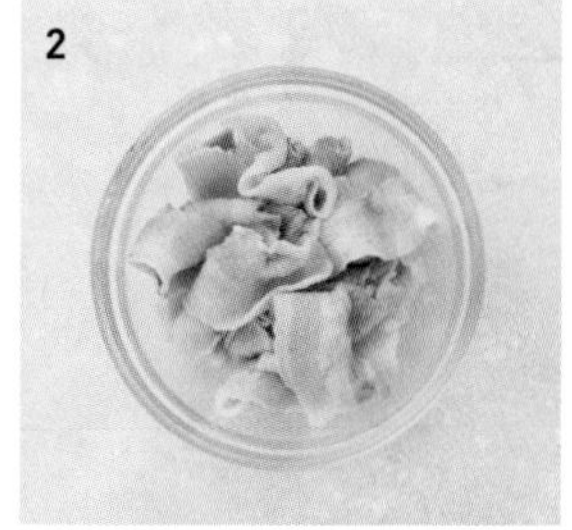

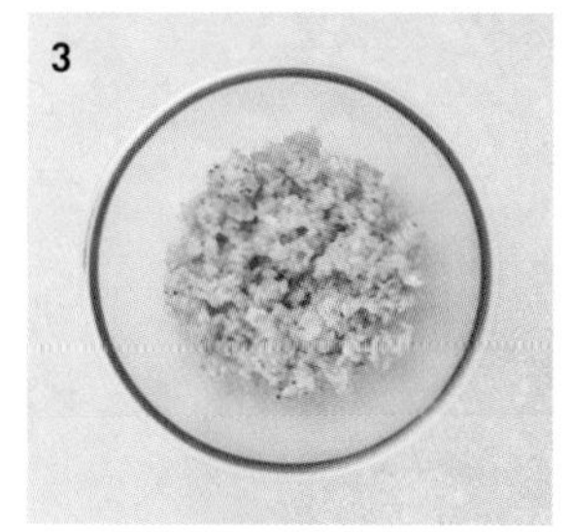

TIP

대패 삼겹살 대신 샤부용 소고기를 사용해도 좋아요.

훈제오리김밥

READY(1인분)

현미밥 130g
훈제오리 70g
달걀 2개
오이 1/2개
김밥용 김 1+1/2장
통깨 조금
참기름 조금
소금 3~4꼬집

RECIPE

1 오이 썰기
오이는 0.5cm 정도 두께로 채 썰어 키친타월로 물기를 가볍게 닦아 준다.

2 달걀지단, 훈제오리 준비하기
달걀에 소금 2꼬집을 넣어서 섞은 뒤 지단을 부쳐 가늘게 채 썰고, 훈제오리는 앞뒤로 구워 1cm 넓이로 길게 썬다.

3 현미밥에 밑간하기
현미밥은 소금 참기름, 통깨를 넣어 섞는다.(12쪽 참조)

4 재료 올려 김밥 말기
김을 깔고 **3**의 밥을 펼친 뒤 밥 위에 다시 김 1/2장을 펼친다. 여기에 **1**, **2**의 재료를 올려 감싼 다음 김밥을 만다.

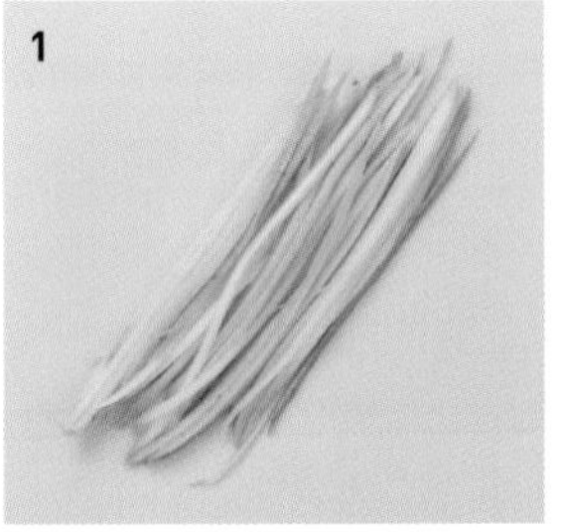

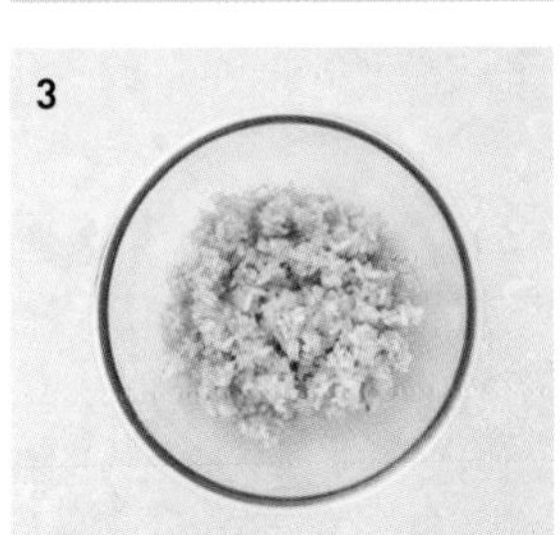

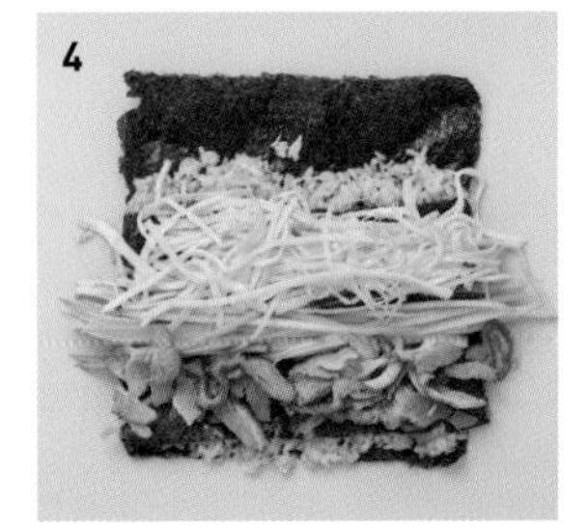

TIP

- 김밥에 들어가는 오이는 길쭉하게 채 썰면 김밥 말기 편합니다.
- 훈제오리는 단시간에 데워주는 정도로 구우면 됩니다. 구워서 키친타월에 잠시 올려두면 기름기가 빠져서 담백해요.

밥통요거트

READY

우유 1L
마시는 요거트 150mL(1병)

RECIPE

1 우유, 요거트 냉기 빼기
우유와 요거트는 실온에 두어 냉기를 뺀다.

2 재료 섞어 보온하기
1의 재료를 섞어 전기밥솥에 넣고 보온 기능으로 1시간을 둔 다음, 전원을 끄고 뚜껑을 열지 말고 5시간 정도 그대로 둔다.

3 냉장고에 넣기
3의 요거트를 원하는 용기에 옮겨 냉장 보관 한 뒤 떠 먹는 요거트로 즐긴다.

4 면보에 담아 물기 빼기
3의 요거트를 면보에 담아 냉장고에서 3~4시간 물기를 빼면 꾸덕한 요거트가 된다.

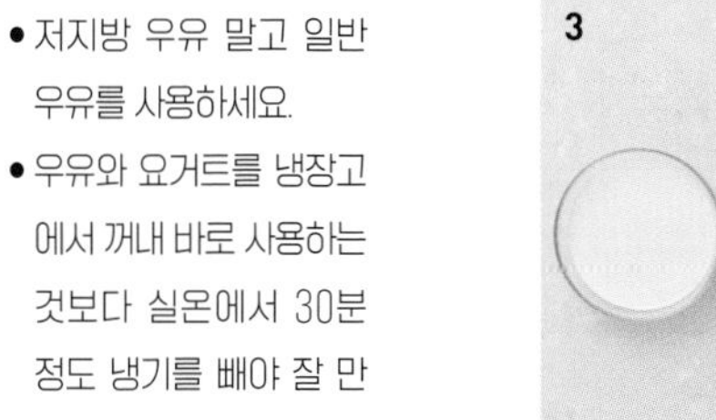

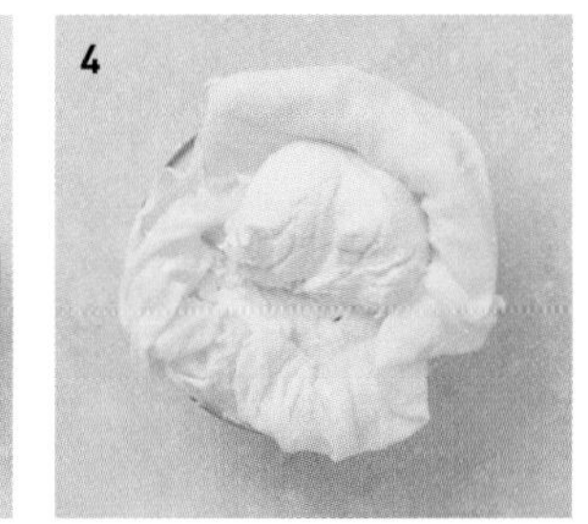

TIP

- 저지방 우유 말고 일반 우유를 사용하세요.
- 우유와 요거트를 냉장고에서 꺼내 바로 사용하는 것보다 실온에서 30분 정도 냉기를 빼야 잘 만들어집니다.

4

의외로 쉽게 활용 가능한

해산물

해초비빔밥

READY(1인분)

현미두부밥 150g
모둠 해초 50g
오이 1/3개
적양파 1/4개
순두부 20g
초고추장 1T

RECIPE

1 해초, 순두부 준비하기

모둠 해초는 물기를 빼두고, 순두부는 2cm 두께로 도톰하게 썬다.

2 채소 준비하기

오이와 적양파는 0.5cm 두께로 채 썬다. 양파는 물에 잠깐 담가두었다가 물기를 완전히 빼서 준비한다.

3 초고추장 만들기

분량의 재료를 섞어 초고추장을 만든다.(만드는 법은 15쪽 참조)

4 밥에 재료 곁들이기

그릇에 현미두부밥, **1**과 **2**의 재료를 돌려 담고 초고추장을 곁들여 완성한다.

TIP

- 팩에 든 순두부는 잘라 잠시 그릇에 두면 수분이 어느 정도 빠져 비볐을 때 덜 질척해요.
- 염장 해초를 쓸 때는 여러 번 물을 갈아가며 물에 담가 소금기를 빼주세요.
- 양파를 찬물에 잠시 담가두면 매운맛도 빠지고 식감도 더 아삭거립니다.

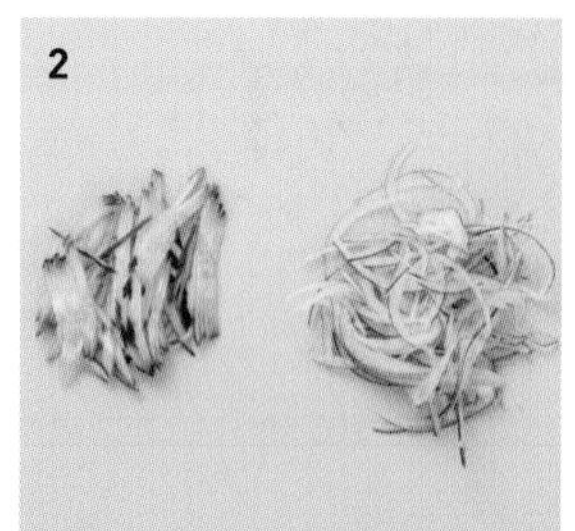

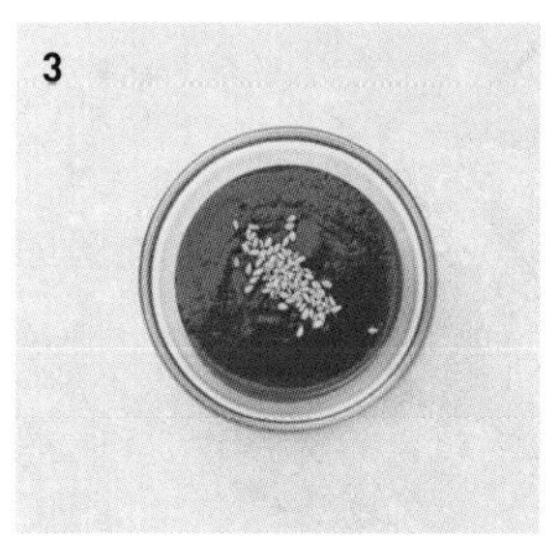

참치비빔밥

READY(1인분)

현미밥 130g
통조림 참치 80g
상추 3장
오이 1/3개
적양파 1/4개
초고추장 1T

RECIPE

1 통조림 참치 기름 빼기

통조림 참치는 체에 밭쳐 기름을 뺀다.

2 오이 썰기

오이는 사방 0.5cm 크기로 썬다.

3 상추, 적양파 손질하기

상추는 먹기 좋게 썰고, 적양파는 얇게 채 썰어 찬물에 담갔다가 물기를 빼둔다.

4 밥에 채소, 참치 곁들여 내기

그릇에 현미밥과 **1**, **2**, **3**의 재료를 담고 초고추장을 곁들여 낸다.

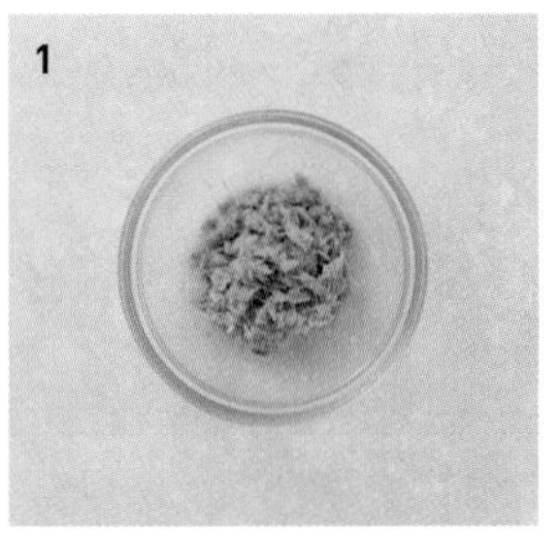

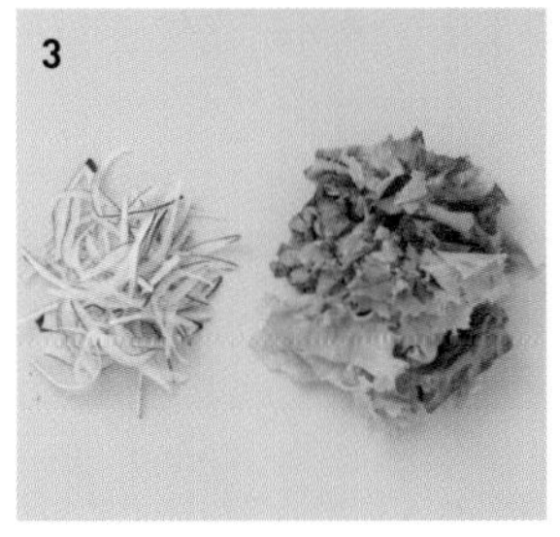

북어콩나물덮밥

READY(1인분)

- **현미밥** 130g
- **북어채** 30g
- **콩나물** 100g
- **달걀** 1개
- **물** 1컵
- **국간장** 2t
- **들기름** 1T
- **소금** 1~2꼬집

RECIPE

1 북어채, 콩나물 준비하기

북어채는 가위를 이용해 2cm 길이로 잘라 물에 불리고, 콩나물은 2~3등분으로 썬다.

2 재료 볶기

팬을 달궈 들기름을 두르고 북어채를 볶다가 콩나물을 넣고 섞는다.

3 간하기

2의 팬에 물을 넣고 뚜껑을 닫은 뒤 중약 불로 가열하다 끓기 시작하면 국간장과 소금으로 간을 한다.

4 달걀 익힌 뒤 밥에 얹어 내기

3의 팬 가운데에 달걀을 깨트려 넣고 뚜껑을 닫아 중약 불에서 2~3분 정도 익힌 다음 밥 위에 올려 완성한다.

TIP

- 덮밥으로 먹을 거라 콩나물은 적당히 잘라서 쓰는 게 먹기 좋습니다.
- 넣는 물의 양이 적은 편이라 수분이 날아가지 않도록 뚜껑을 닫고 조리해야 합니다.

새우콜리플라워볶음밥

READY(1인분)

콜리플라워밥 150g
칵테일새우 50g
마늘 3알
통깨 조금
식용유 조금
참기름 조금
허브솔트 1/3t

RECIPE

1 새우 썰기
칵테일새우는 큼직하게 2~3등분한다.

2 마늘 준비하기
마늘은 편으로 썬다.

3 새우, 마늘 볶아 간하기
팬을 달궈 기름을 두르고 마늘과 새우를 볶다가 허브솔트로 밑간을 해준다.

4 밥 넣어 볶기
3의 팬에 콜리플라워밥을 넣고 잘 섞이게 볶은 뒤 참기름과 통깨를 뿌린다.

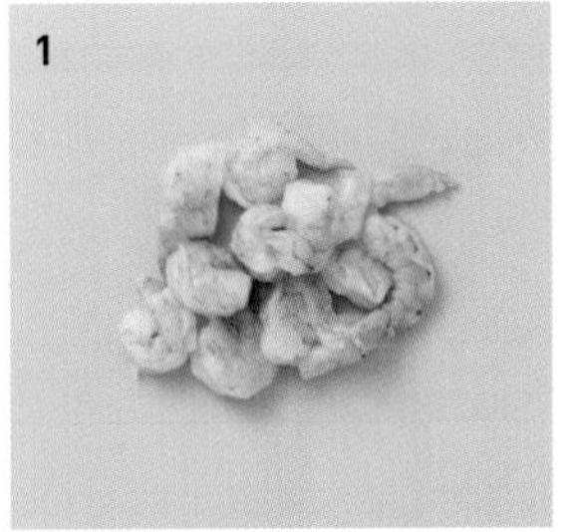

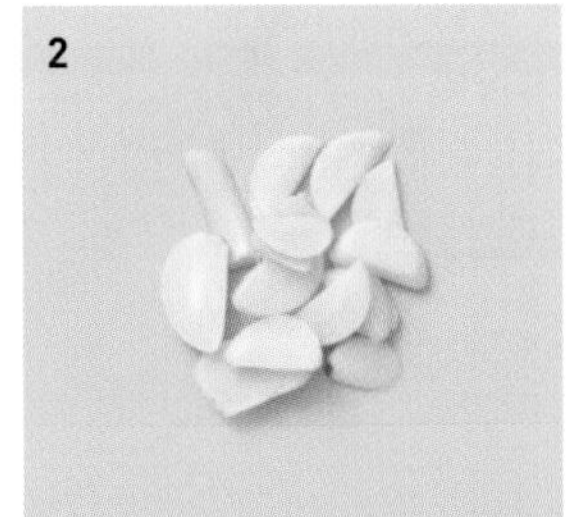

TIP
너무 오래 볶을 필요 없이 마늘이 살짝 익을 정도로 가볍게 볶아줍니다.

들깨미역덮밥

READY(1인분)

현미밥 130g
마른 미역 5g
표고버섯 2개
들깻가루 3T
들기름 1T
소금 3~4꼬집

멸치육수
물 1컵
멸치액젓 1T
맛술 1T

RECIPE

1 재료 손질하기
마른 미역은 10여 분간 찬물에 불린 뒤 물기를 짜고, 표고버섯은 밑동을 떼어 내고 흐르는 물에 가볍게 헹궈 0.5cm 두께로 썬다.

2 볶으며 밑간하기
달군 팬에 들기름을 두르고 **1**의 미역과 표고버섯을 1분 정도 가볍게 볶는다. 이때 소금 1~2꼬집으로 밑간을 한다.

3 육수 붓고 끓이기
분량의 재료를 섞어 멸치육수를 만들어 **2**에 붓고 중약 불에서 5분 정도 미역이 부드러워질 정도로 끓인다.

4 들깻가루 넣고 밥에 얹기
3에 들깻가루를 넣어 섞고 모자라는 간은 소금으로 조절한 뒤 밥 위에 올려 낸다.

TIP

- 국물 요리 할 때 멸치육수 내기가 귀찮다면 멸치액젓을 이용해 간단하게 만들어 사용하세요.
- 미역은 잘게 썰어놓은 냉국용 제품을 쓰면 편리해요. 찬물에 담가두면 금방 불어납니다.
- 국물이 많지 않기 때문에 너무 센 불에서 끓이면 금방 졸아버립니다. 불 조절에 신경 쓰세요.

미역오이냉국수

READY(1인분)

두유면 200g
마른 미역 5g
오이 1/2개
삶은 달걀 1/4개

국물

다시마 우린 물 1+1/2컵
다진 마늘 1t
국간장 1t
식초 1T
깨소금 1T
설탕 1/2T
소금 1/3t

RECIPE

1 두유면 준비하기

두유면은 한번 헹군 뒤 체에 밭쳐 물기를 뺀다.

2 미역, 오이 손질하기

냉국용 미역은 찬물에 5분 정도 불렸다가 건져두고, 오이는 채 썬다.

3 국물 만들기

분량의 재료를 섞어 국물을 만든다.

4 재료 섞고 면 넣기

3의 국물에 **2**의 재료를 넣고 잘 섞은 뒤 **1**의 두유면을 넣는다. 마지막으로 삶은 달걀을 얹어 완성한다.

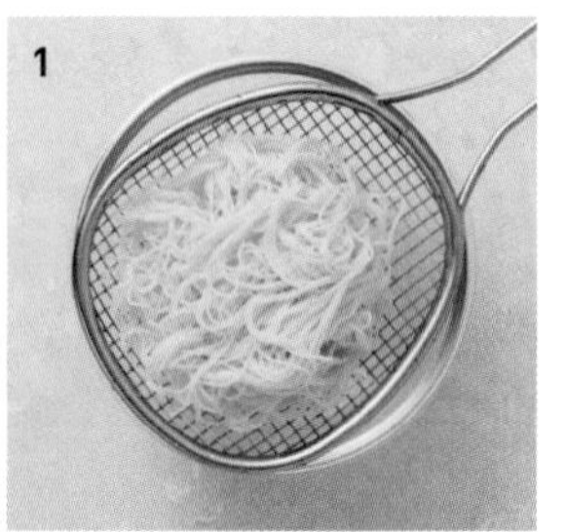

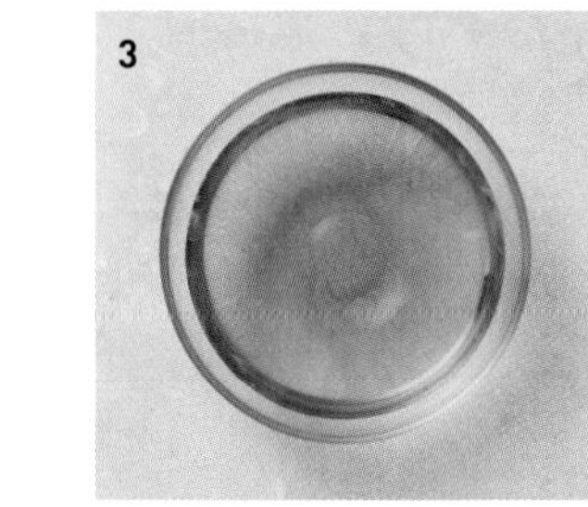

TIP

냉국용 국물은 미리 만들어 냉장고에서 차게 두었다가 먹으면 더 맛있어요. 귀찮다면 따로 만들 것 없이 시판 냉면육수를 사용해도 됩니다.

꼬시래기오이국수

READY(1인분)

염장 꼬시래기 100g
게맛살 40g
오이 1/2개
삶은 달걀 1/2~1개
초고추장 1~2T
소금 1꼬집

RECIPE

1 꼬시래기 준비하기

꼬시래기는 물에 담가서 충분히 염분을 빼준다. 그런 다음 뜨거운 물에 넣었다 바로 찬물에 헹궈 물기를 뺀다.

2 오이, 게맛살 준비하기

오이는 길게 채 썰어 소금 1꼬집을 뿌려 밑간을 한 뒤 1분 정도 뒀다가 물기를 꼭 짜주고, 게맛살도 결대로 길게 찢어준다.

3 초고추장 만들기

분량의 재료를 잘 섞어 초고추장을 만든다.(만드는 법은 15쪽 참조)

4 그릇에 재료 담기

접시에 **1**의 꼬시래기와 **2**의 재료를 돌려 담고 **3**의 초고추장을 곁들인 뒤 삶은 달걀을 올려 완성한다.

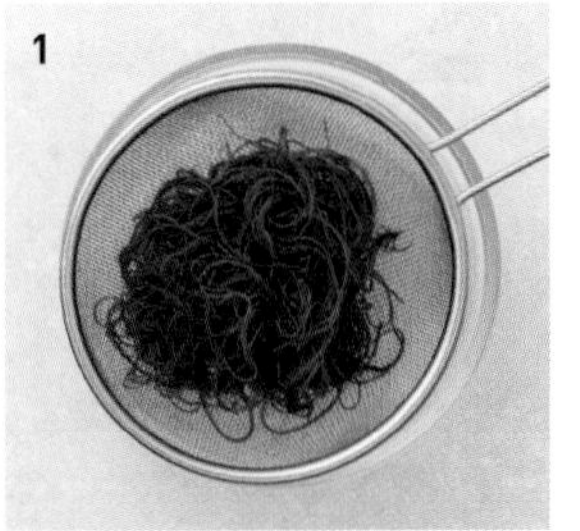

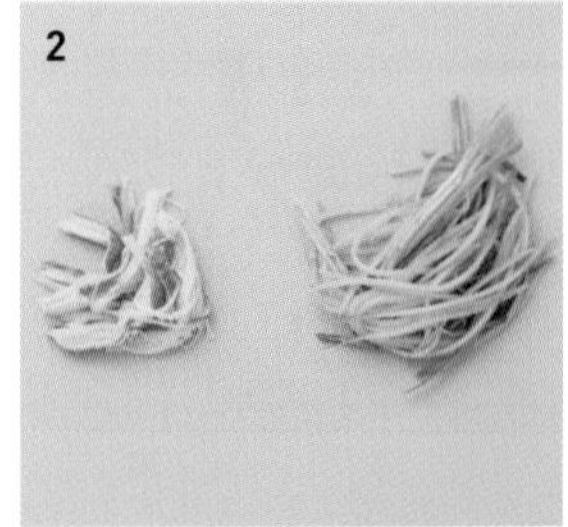

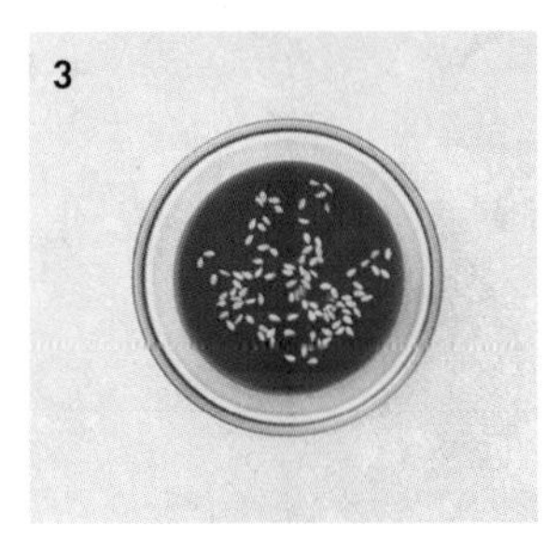

새콤미역물국수

국수

READY(1인분)

미역면 180g
삶은 닭가슴살 30g
오이 1/4개
깨소금 조금

국물
시판 냉면육수 1/2컵
초고추장 1T
통깨 1T

RECIPE

1 미역면 준비하기
미역면은 체에 밭쳐 물에 헹군 뒤 물기를 뺀다.

2 닭가슴살, 오이 준비하기
닭가슴살은 결대로 찢고, 오이는 가늘게 채 썬다.

3 국물 만들기
냉면육수와 초고추장을 섞어 국물을 만든다.

4 면에 재료 올리고 국물 붓기
1의 미역면에 **2**의 재료를 올리고 **3**의 국물을 넣어 완성한다.

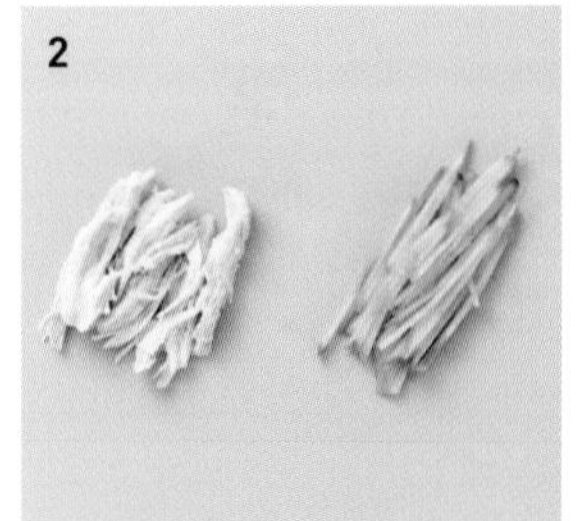

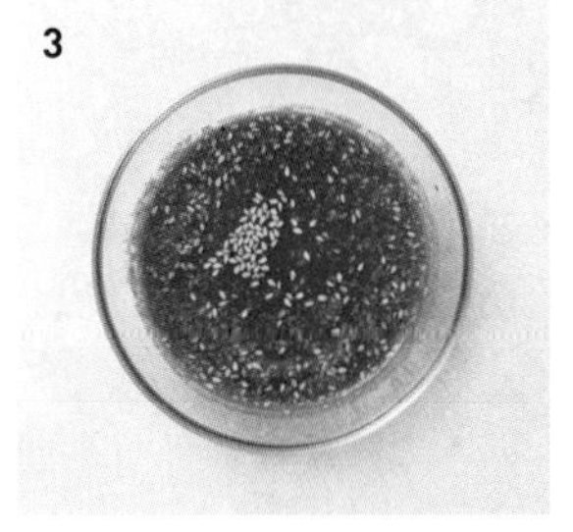

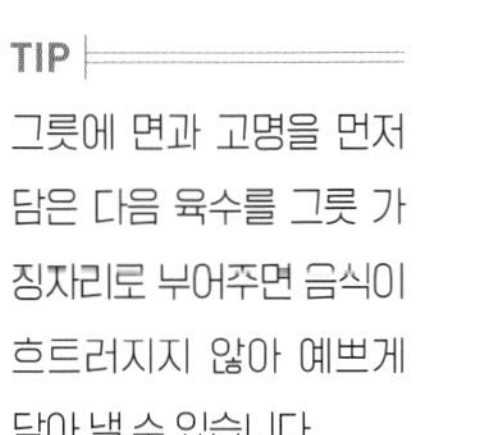
TIP
그릇에 면과 고명을 먼저 담은 다음 육수를 그릇 가장자리로 부어주면 음식이 흐트러지지 않아 예쁘게 담아 낼 수 있습니다.

우무묵국수

READY(1인분)

우무묵 200g
오이 1개
냉면육수 300g
깨소금 1T

오이절임 양념

식초 1t
설탕 1/2t
소금 2꼬집

RECIPE

1 오이 썰기

오이는 길쭉하게 채 썰어 준비한다.

2 오이 절이기

1의 오이에 분량의 절임 양념 재료를 넣어 버무린 후 잠시 절여둔다.

3 우무묵 썰기

우무묵은 길게 채 썰어 준비한다.

4 그릇에 재료 올리고 육수 붓기

2의 오이와 **3**의 우무묵을 그릇에 담고 섞은 뒤 깨소금을 올리고 냉면 육수를 부어 완성한다.

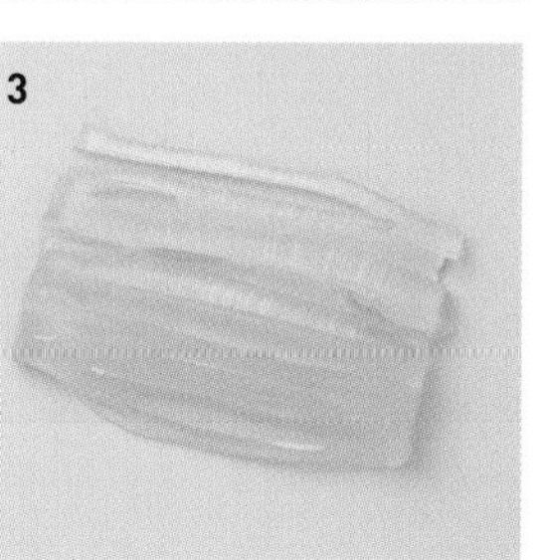

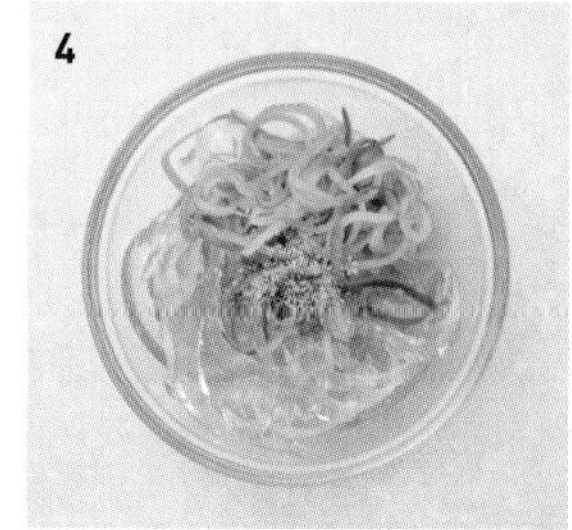

TIP

- 오이 채 썰 때는 가운데 씨 부분을 제거하는 게 물기가 안 생겨서 좋아요.
- 오이를 살짝 절여서 사용하면 밑간도 되고 부드럽게 휘어져 젓가락질하기도 편리합니다.

연어지라시초밥

READY(1인분)

콜리플라워밥 150g
훈제연어 50g
달걀 1개
적양파 1/4개
베이비채소 조금
식용유 조금
소금 1~2꼬집

소스
고추냉이 1t
간장 1T
식초 1T
꿀 1T
올리브유 1T

RECIPE

1 연어, 소스 준비하기
훈제연어는 한 입 크기로 썬다. 분량의 재료로 소스도 만들어둔다.

2 달걀지단 만들기
달걀에 소금 1~2꼬집을 넣고 잘 섞은 뒤 지단을 부쳐 얇게 채 썬다.

3 채소 준비하기
적양파는 가늘게 채 썰어 찬물에 담가 물기를 빼두고, 베이비채소도 물에 헹군 뒤 물기를 뺀다.

4 밥에 재료, 소스 올리기
밥 위에 연어, 달걀지단, 양파, 베이비채소를 가지런히 올리고 소스를 곁들여 완성한다.

TIP
지단을 부칠 때는 팬을 달궈 기름을 소량 넣고 키친타월로 닦은 다음 약한 불에서 부쳐야 지단이 부드러워요.

1

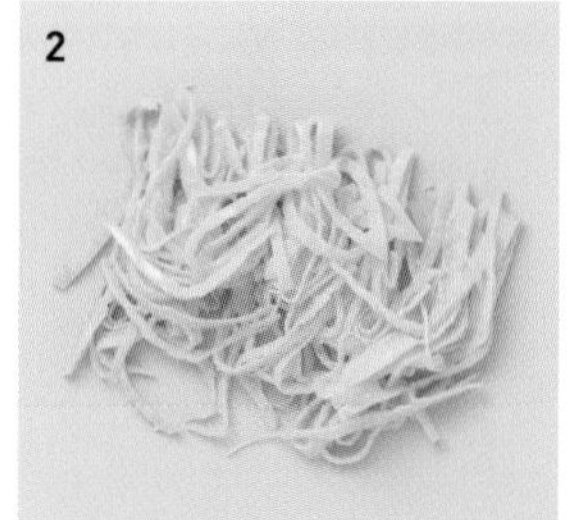
2

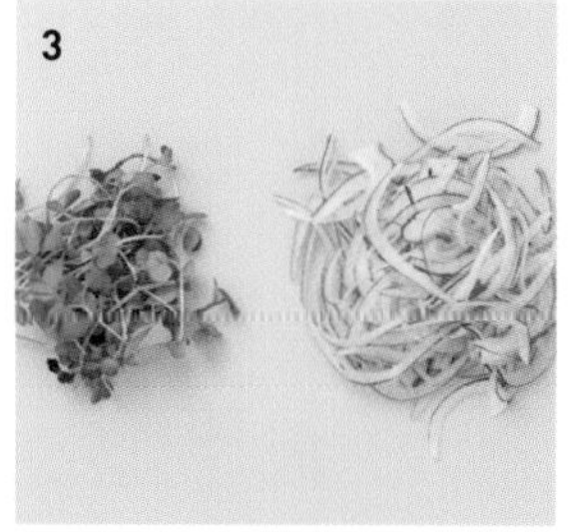
3

4

톳두부김밥

READY(1인분)

현미밥 130g
염장 톳 70g
두부 70g
깻잎 3장
당근라페 적당량
김밥용 김 1장
통깨 조금
참기름 조금
소금 2꼬집

TIP

- 염장 톳은 물에 담가 여러 번 물을 갈아가며 염분을 충분히 뺀 뒤 사용하세요.
- 두부는 단단한 것을 사용하는 게 좋아요.

RECIPE

1 톳, 두부, 깻잎 준비하기

톳은 물에 담가 물을 갈아가며 여러 번 소금기를 뺀 뒤 뜨거운 물에 10초 정도 담갔다 건져 물기를 빼두고, 두부는 으깨고, 깻잎은 씻어 물기를 닦아 준비한다.

2 두부 수분 날리기

마른 팬에 두부를 살짝 볶아 수분을 날리면서 소금 1꼬집으로 간을 한다.

3 밥, 당근라페 준비하기

밥은 통깨, 참기름, 소금으로 밑간을 한다.(12쪽 참조) 당근라페는 물기를 꽉 짜서 준비한다.

4 김밥 말기

김밥용 김 위에 **3**의 현미밥을 펼친 뒤 깻잎을 깔고 톳, 두부, 당근라페를 올린다. 깻잎으로 속재료를 감싼 뒤 말아준다.

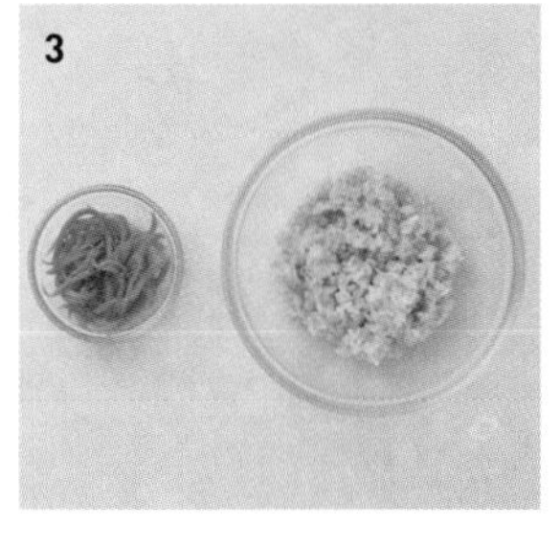

해물샐러드

READY(1인분)

자숙문어 100g
칵테일새우 5마리
오이 1/3개
파프리카 1/4개
양파 1/5개

소스
레몬즙 1T
올리고당 1T
올리브유 3T
소금 1/3t
후춧가루 조금

TIP

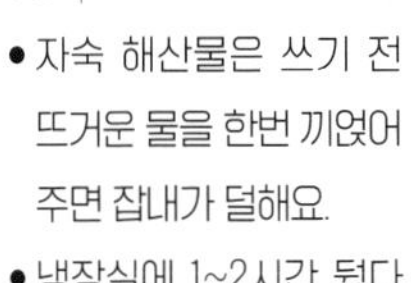

- 자숙 해산물은 쓰기 전 뜨거운 물을 한번 끼얹어 주면 잡내가 덜해요.
- 냉장실에 1~2시간 뒀다 차게 먹으면 더 맛이 살아납니다.

RECIPE

1 해물 손질하기
문어는 체에 밭쳐 뜨거운 물을 한번 끼얹고 식힌 뒤 0.5cm 정도 두께로 도톰하게 편으로 썰어주고, 칵테일새우도 해동한 뒤 뜨거운 물을 끼얹어준다.

2 채소 썰기
오이, 파프리카, 양파는 사방 2cm 크기로 비슷하게 썬다.

3 소스 준비하기
분량의 재료를 섞어 소스를 만든다.

4 재료와 소스 섞기
1의 해물과 **2**의 채소를 볼에 담고 소스를 섞어 완성한다.

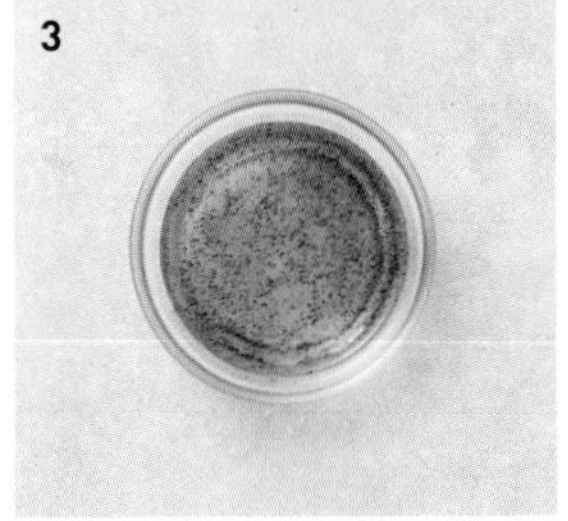

5

식감 좋고 식이섬유 풍부한

버섯

모둠버섯덮밥

READY(1인분)

현미두부밥 150g
새송이버섯 1개
표고버섯 2개
느타리버섯 2가닥
꽈리고추 3개
통깨 1T
굴소스 1/2t
맛술 1T
식용유 1t
들기름 1T
소금 1~2꼬집
후춧가루 조금

RECIPE

1 채소 씻기
버섯은 흐르는 물에 한번 헹군 뒤 물기를 닦고, 꽈리고추는 씻은 뒤 꼭지를 제거한다.

2 채소 썰기
새송이는 반으로 잘라 다시 길게 스틱 모양으로 썰고, 표고버섯은 밑동을 떼어 내고 0.5cm 두께로 썰고, 느타리버섯은 밑동을 잘라낸 뒤 적당히 찢는다. 꽈리고추는 반으로 썰어둔다.

3 채소 볶아 양념하기
팬을 달궈 들기름과 식용유를 넣고 중약 불에서 버섯과 꽈리고추를 볶다가 굴소스와 맛술을 넣는다.

4 밥에 볶은 재료 올리기
재료와 양념이 어우러지면 모자란 간은 소금으로 맞춘 후 밥에 얹은 뒤 통깨를 뿌린다.

TIP

- 버섯은 어떠한 종류를 넣어도 괜찮아요.
- 채소를 볶을 때 식용유에 들기름을 섞으면 풍미가 훨씬 좋습니다.
- 굴소스 대신 허브솔트로 간을 하고 스리차차소스를 뿌리면 좀 더 가벼운 맛이 납니다.

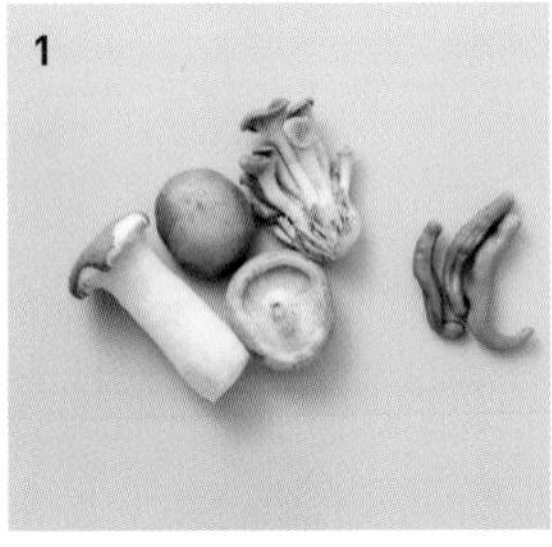

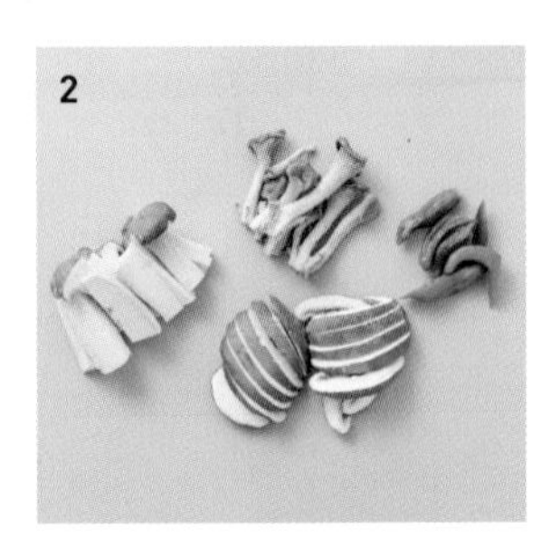

구운새송이버섯덮밥

READY(1인분)

현미밥 130g
새송이버섯 1개
가지 1/2개
통깨 1T
식용유 조금
참기름 1T
소금 1~2꼬집
후춧가루 조금

양념장
굴소스 1/2T
올리고당 1T
물 1T
맛술 1T

RECIPE

1 채소 썰고 양념장 만들기
새송이버섯과 가지는 동그란 모양을 살려 2cm 두께로 두툼하게 썬 다음 1/3 정도 깊이까지 격자 모양 칼집을 낸다. 분량의 재료를 잘 섞어 양념장도 만들어둔다.

2 채소 굽고 밑간하기
팬을 달궈 식용유를 두르고 중강 불에서 **1**의 채소를 앞뒤면 각각 1분씩 노릇하게 굽는다. 이때 소금 1~2꼬집으로 밑간을 한다.

3 양념장 붓고 졸이기
2의 팬에 **1**의 양념장을 붓고 30초 정도 뒤적이며 중약 불에서 졸여준다.

4 밥에 재료 올리기
3에 참기름과 통깨, 후춧가루를 넣어 마무리하고 밥 위에 올린다.

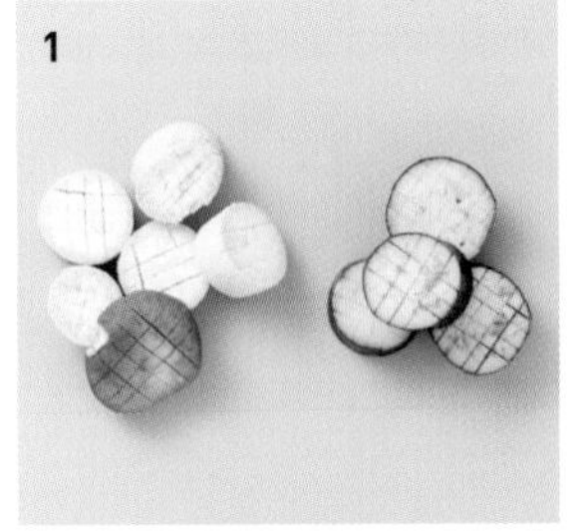

TIP
두꺼운 채소를 조리할 때 칼집을 넣으면 굽는 시간을 줄일 수 있고 양념도 잘 배어듭니다.

팽이버섯게맛살덮밥

READY(1인분)

현미밥 130g
팽이버섯 1/2봉
게맛살 40g
달걀 1개
대파 1/4개
통깨 조금
물 1/4컵
맛술 1t
들기름 1T
소금 2꼬집
후춧가루 조금

RECIPE

1 재료 썰기

팽이버섯은 밑동을 잘라 낸 뒤 반으로 다시 자르고, 게맛살은 먹기 좋은 크기로 찢어두고, 대파는 둥근 모양을 살려 얇게 썬다.

2 재료 볶기

팬을 달궈 들기름을 두른 뒤 **1**의 대파를 넣어 향을 낸다. 그다음 팽이버섯과 게맛살을 넣고 소금 2꼬집을 넣어 밑간을 한다.

3 물 붓고 끓이기

2의 팬에 물 1/4컵과 맛술을 붓고 끓인다.

4 달걀물 넣어 익힌 뒤 밥에 올리기

달걀을 풀어 달걀물을 만든 뒤 **3**의 재료가 끓으면 달걀물을 넣고 익힌다. 통깨와 후춧가루를 뿌려 완성하고 밥 위에 올려 낸다.

TIP

볶을 때는 팽이버섯 숨을 실짝 죽이는 느낌 정도로만 가볍게 볶는 게 좋습니다.

표고버섯가지덮밥

READY(1인분)

현미두부밥 150g
표고버섯 2개
가지 1개
양파 1/4개
캐슈너트 조금
통깨 조금
식용유 조금
참기름 조금
소금 1/3t

양념장

다진 마늘 1t
굴소스 1t
간장 1t
맛술 1T
올리고당 1t
물 4T

TIP

- 덮밥에 다진 견과류를 곁들이면 씹는 맛이 좋아져요. 캐슈너트 대신 아몬드나 호두를 넣어도 괜찮아요.
- 채소 절일 때 위생봉투에 넣고 소금을 소량 넣어 흔든 다음 압축해서 묶어 두면 빨리 절여져요.

RECIPE

1 가지 절이기

가지는 반으로 갈라 큼직하게 썰어 소금 1/3t를 뿌려 5분 정도 절인 다음 물기를 짠다.

2 표고버섯, 양파, 캐슈너트 준비하기

표고버섯과 양파는 한 입 크기로 썰고, 고명으로 올라갈 캐슈너트는 잘게 다진다.

3 가지, 표고버섯, 양파 볶기

팬을 달궈 기름을 두르고 중약 불에서 **1**의 가지와 **2**의 표고버섯, 양파를 볶아준다.

4 양념장 넣어 볶기

분량의 재료로 만든 양념장을 **3**에 넣고 중약 불에서 1~2분 정도 익힌 후 참기름, 통깨를 넣어 마무리하고 밥 위에 올려 낸다. 이때 다진 캐슈너트도 올린다.

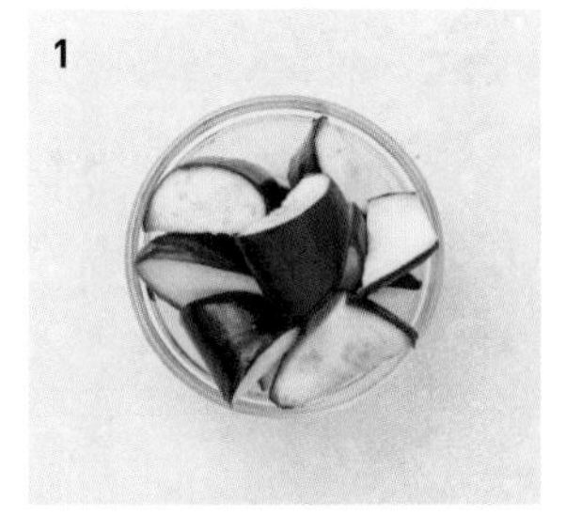

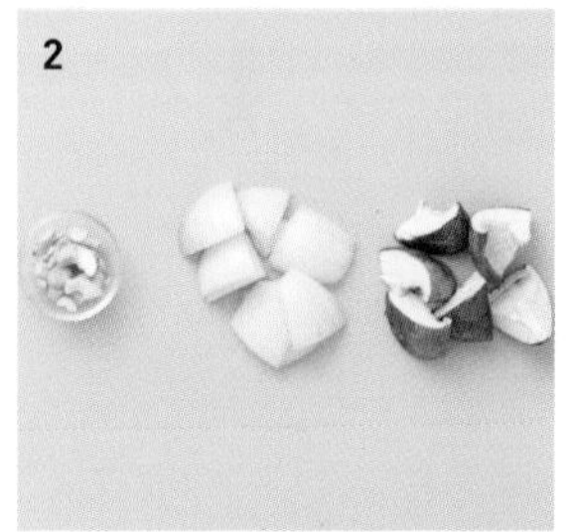

팽이버섯순두부덮밥

READY(1인분)

순두부 1/2팩
팽이버섯 1봉
다진 쪽파 2T
통깨 1T
참기름 1T

양념장
고춧가루 1t
고추장 1T
참치액 1/2t
올리고당 1t
물 1/3컵

RECIPE

1 버섯, 순두부 썰기
팽이버섯은 밑동을 잘라 내고 반으로 자른다. 순두부는 2cm 두께로 도톰하게 썬다.

2 양념장 만들기
볼에 분량의 양념장 재료를 넣고 섞어 양념장을 만든다.

3 재료에 양념장 넣고 끓이기
팬에 **1**의 팽이버섯과 순두부를 넣고 **2**의 양념장을 부어 중약 불에서 5분 정도 끓여준다.

4 국물 졸인 후 밥에 얹기
양념장 국물이 2~3숟가락 정도 남으면 참기름을 두르고 통깨와 쪽파를 얹은 후 현미밥에 올려 완성한다.

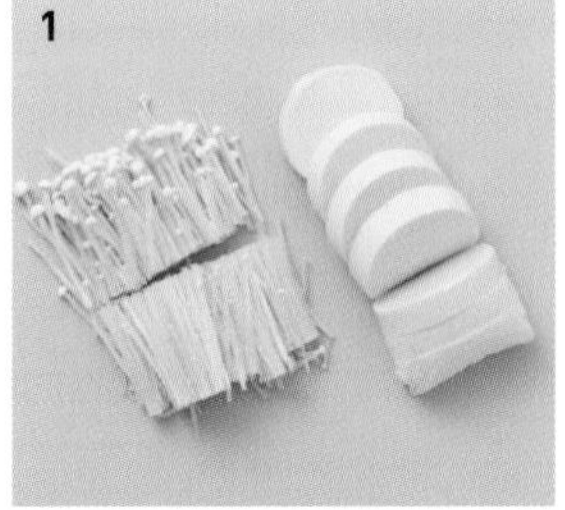

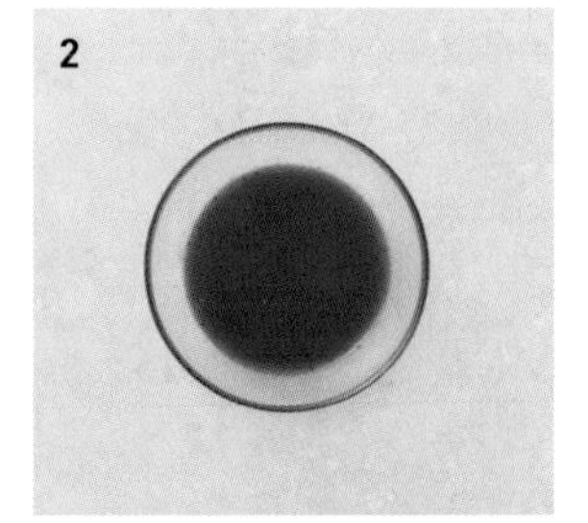

TIP

- 팽이버섯은 아래 자른 단면 쪽에서 길게 칼로 여러 번 그어주면 쉽게 가닥가닥 떨어집니다.
- 수분기 없이 먹고 싶을 땐 뚜껑을 열고 1분 정도 중강 불에서 끓여줍니다.

콩나물버섯덮밥

READY(1인분)

현미두부밥 150g
표고버섯 3개
콩나물 100g
식용유 조금
소금 2꼬집

양념장
다진 양파 3T
다진 쪽파 2T
고춧가루 1t
통깨 1T
국간장 2/3T
들기름 1T

RECIPE

1 채소, 양념장 준비하기
밑동 뗀 표고버섯, 콩나물은 흐르는 물에 한번 헹군다. 분량의 재료를 섞어 양념장도 만들어둔다.

2 콩나물 익힌 후 밑간하기
바닥이 도톰한 냄비에 **1**의 콩나물을 넣고 물 2T를 넣은 뒤 뚜껑을 닫고 약한 불에서 3분 정도 저수분으로 익힌다. 꺼내어 물기를 뺀 다음 소금 한 꼬집으로 밑간한다.

3 버섯 굽고 밑간하기
표고버섯은 팬을 달궈 식용유를 두른 뒤 겉면이 노릇해지게 굽다가 소금 1꼬집을 넣어 밑간을 한다.

4 재료를 밥에 올리기
그릇에 현미두부밥과 **2**의 콩나물, **3**의 표고버섯을 담은 뒤 양념장을 곁들여 낸다.

TIP

- 콩나물 익힐 때는 전자레인지를 이용해도 되지만 냄비를 이용해야 콩나물 머리까지 골고루 익어서 더 좋습니다.
- 표고버섯은 살짝 구우면 고기처럼 씹히는 식감이 더해져서 더 맛있습니다.

버섯미나리볶음밥

READY(1인분)

현미밥 130g
느타리버섯 100g
미나리 50g
파프리카 조금
통깨 조금
굴소스 1/2t
식용유 조금
참기름 1T
소금 2꼬집

RECIPE

1 채소 손질하기
느타리버섯은 밑동을 자르고, 미나리는 억센 줄기를 적당히 제거한 후 씻어 준비한다.

2 채소 썰기
느타리버섯과 미나리는 1cm 길이로 썰고, 파프리카는 잘게 다진다.

3 채소 볶고 밑간하기
팬을 달궈 기름을 두르고 **2**의 재료를 볶다가 소금 2꼬집으로 밑간을 한다.

4 밥 넣고 간하기
밥을 넣고 섞어가며 볶은 뒤 굴소스, 참기름, 통깨를 넣어 섞어 마무리한다. 모자라는 간은 소금으로 조절한다.

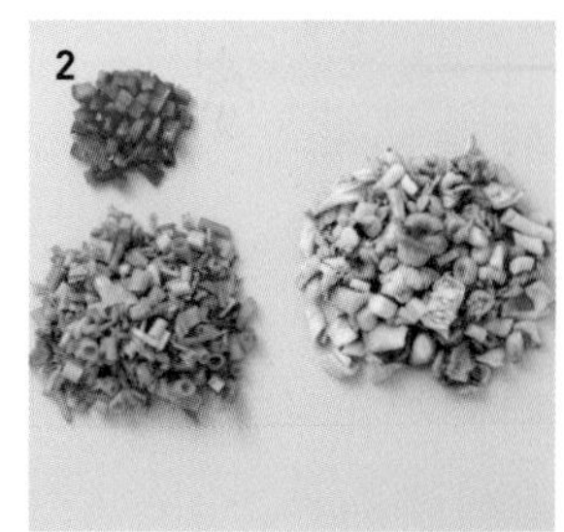

TIP

- 채소만 들어가는 요리를 할 때는 달걀프라이 같은 것을 곁들여 단백질을 보충해주면 속이 더 든든합니다.
- 버섯는 숨만 살짝 죽을 정도로 1분 내외로 짧게 볶으면 됩니다.

버섯들깨죽

READY(1인분)

현미밥 100g
느타리버섯 70g
표고버섯 3개
당근 조금
쪽파 1줄기
들깻가루 2T
물 1+1/2컵
참치액 1t
들기름 1T
소금 2꼬집

TIP

- 쪽파는 마지막에 넣어야 색감이 살아있어 보기 좋아요.
- 죽을 만들 때는 찰기가 있는 찹쌀현미밥을 사용하면 더 좋아요.

RECIPE

1 채소 썰기
표고버섯, 느타리버섯은 기둥과 밑동을 떼어 내고 사방 1cm 크기로 썰고, 당근과 쪽파는 잘게 다져 준비한다.

2 채소 볶고 밑간하기
냄비를 달궈 들기름을 두르고 쪽파를 제외한 **1**의 재료를 볶다가 소금 2꼬집을 넣어 밑간을 한다.

3 현미밥 넣고 끓이기
2의 냄비에 현미밥과 물을 넣고 중강 불에서 가열하다 끓어오르면 약한 불로 줄여 뭉근해질 때까지 10여 분간 뚜껑을 닫고 끓인다.

4 죽에 간하기
밥이 풀어지면 들깻가루와 **1**의 쪽파를 넣고 한 번 더 저어준 뒤 참치액으로 간한다. 모자라는 간은 소금으로 조절한다.

구운버섯샐러드

READY(1인분)

새송이버섯 1개
느타리버섯 1/2팩
표고버섯 2개
양상추 적당량
베이비채소 적당량
발사믹소스 조금
올리브유 조금
소금 1~2꼬집

RECIPE

1 버섯 썰기
새송이버섯과 느타리버섯은 길쭉하게 썰고, 표고버섯은 1cm 정도 두께로 도톰하게 썰어 준비한다.

2 잎채소 다듬기
양상추는 한 입 크기로 찢고, 베이비채소도 한번 헹군 뒤 물기를 빼 준다.

3 버섯 굽기
팬에 기름을 소량 두르고 **1**의 버섯을 노릇해질 때까지 중약 불에서 굽다가 소금 1~2꼬집을 뿌려 밑간을 한다.

4 잎채소와 버섯에 소스 뿌리기
접시에 **2**의 채소와 **3**의 구운 버섯을 올리고 발사믹소스를 뿌려 완성한다.

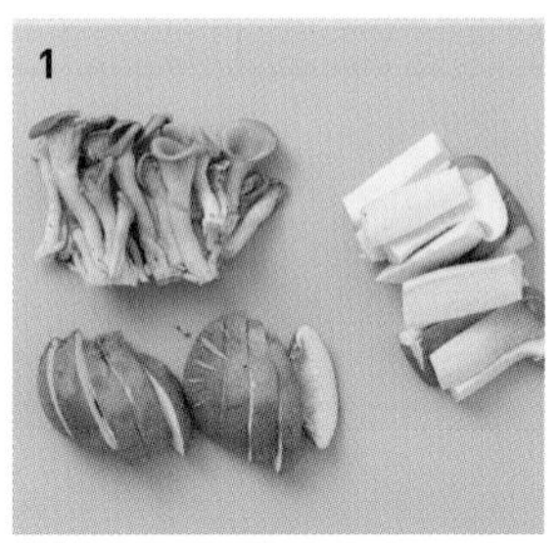

TIP

버섯을 프라이팬에 굽는 대신 올리브유를 뿌려 에어프라이어에 구워도 좋습니다.

6

어떤 다이어트 요리에도 어울리는 잎채소

봄동비빔밥

READY(1인분)

현미밥 130g
봄동 100g
파프리카 1/4개
삶은 달걀 1/2~1개

겉절이 양념
멸치액젓 2t
들기름 1T
다진 쪽파 2T
다진 마늘 1t
고춧가루 1t
통깨 1T

RECIPE

1 채소 준비하기
봄동은 흐르는 물에 깨끗이 씻어 0.2cm 두께로 채 썰고, 파프리카도 0.2cm 두께로 채 썬다.

2 겉절이 양념 만들기
분량의 재료를 섞어 겉절이 양념을 준비한다.

3 채소와 양념 섞기
볼에 **1**의 채소와 **2**의 양념을 넣어 섞어준다.

4 밥에 양념한 채소 올리기
잘 버무린 **3**의 채소를 준비한 현미밥에 올리고 삶은 달걀을 곁들여 완성한다.

TIP

- 봄동과 파프리카는 채 썬 후 물기를 최대한 제거해야 양념이 겉돌지 않아요. 봄동 대신 쌈배추로 만들어도 좋아요.
- 채 썬 채소는 찬물에 한 번 담갔다가 물기를 빼서 쓰면 아삭거림이 훨씬 더 살아납니다.

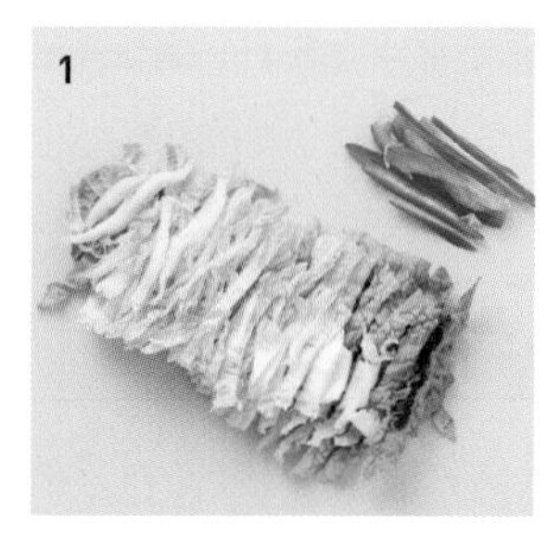

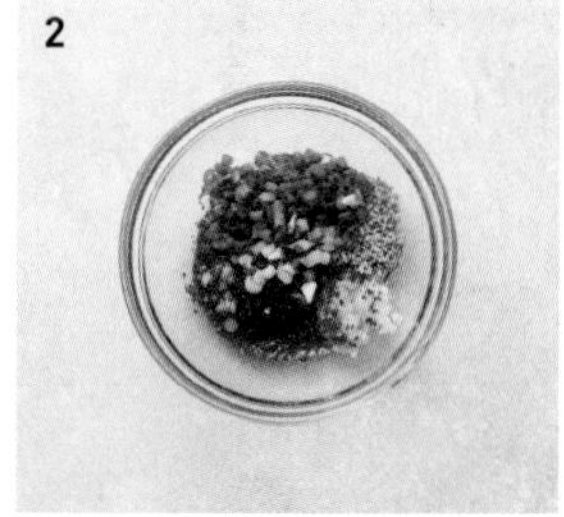

양배추채달걀덮밥

READY(1인분)

현미두부밥 150g
양배추 100g
양파 1/4개
달걀 1개
통깨 조금
식용유 조금
참기름 조금
허브솔트 1/3t

RECIPE

1 양배추 썰기
양배추는 0.5cm 두께로 채 썬다.

2 양파 썰기
양파도 양배추와 같은 두께로 채 썬다.

3 채소 볶기
달군 팬에 식용유를 두르고 중약 불에서 채 썰어둔 양배추와 양파를 볶다가 허브솔트를 넣어 간을 한다.

4 달걀 넣어 익힌 뒤 밥에 올리기
3의 재료가 숨이 죽으면 가운데를 비워 달걀을 깨트려 넣고 약한 불로 줄인다. 뚜껑을 닫아 2분 정도 익힌 다음 참기름, 통깨를 뿌린 뒤 밥 위에 올려 완성한다.

TIP

채소를 볶을 때 기름이 부족하면 기름 대신 물을 1~2숟가락 프라이팬 가장자리로 넣어주면 좀 더 담백하게 볶음 요리를 할 수 있어요.

부추겉절이국수

READY(1인분)

두부면 100g
부추 30g
양파 1/5개
달걀 1개
소금 2꼬집

멸치육수
물 2컵
멸치액젓 1T
맛술 1T

겉절이 양념
고춧가루 1/2t
멸치액젓 1/2T
다진 마늘 1t
참기름 1T
깨소금 1T

RECIPE

1 채소, 면 준비하기
부추는 5cm 길이로 썰고 양파는 가늘게 채 썬다. 두부면은 흐르는 물에 한번 헹군 뒤 체에 밭쳐 물기를 뺀다.

2 달걀지단 부치기
달걀은 소금 2꼬집을 넣고 섞은 뒤 지단을 부쳐 채 썬다.

3 부추 무치기
분량의 겉절이 양념 재료를 섞은 뒤 부추에 넣고 가볍게 무친다.

4 두부면에 육수 만들어 붓기
그릇에 두부면을 담고 **3**의 부추겉절이와 **2**의 달걀지단을 올린 다음 분량의 재료를 섞어 끓인 멸치육수를 부어 완성한다.

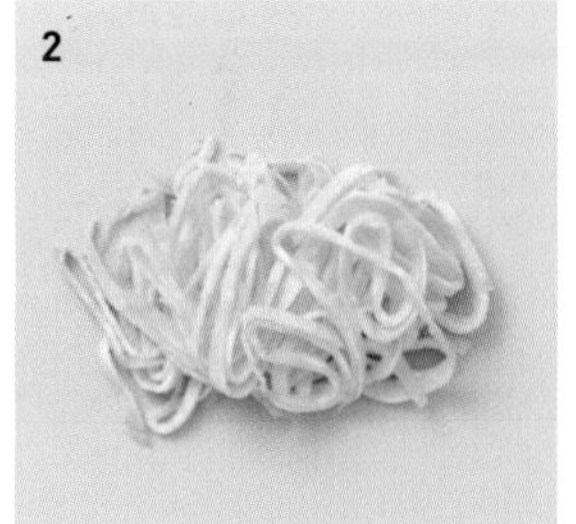

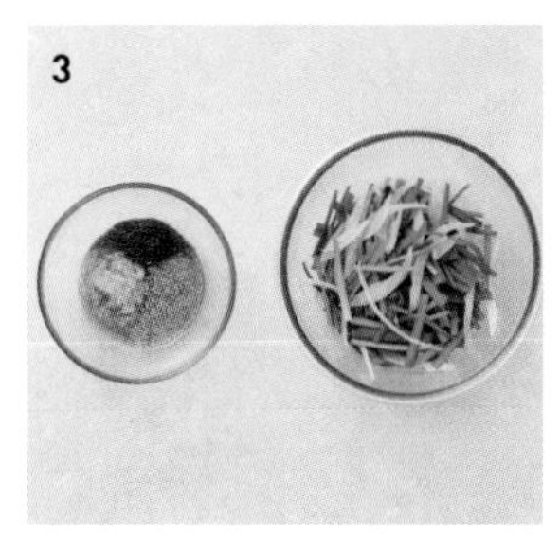

양배추사과샐러드

READY(1인분)

양배추 100g
사과 1/2개
아몬드 5알

소스

삶은 달걀 1개
마요네즈 1T
홀그레인머스터드 1t

RECIPE

1 양배추 썰기

양배추는 0.5cm 두께로 채 썰어 찬물에 헹군 뒤 물기를 완전히 빼서 준비한다.

2 사과, 아몬드 썰기

사과도 양배추 두께와 비슷하게 채 썰고, 아몬드는 굵게 다진다.

3 소스 만들기

1과 **2**의 재료를 담은 볼에 삶은 달걀을 잘게 으깨어 넣고 분량의 마요네즈와 홀그레인머스터드를 넣는다.

4 재료와 소스 버무리기

양배추, 사과, 아몬드를 소스에 골고루 버무려 완성한다.

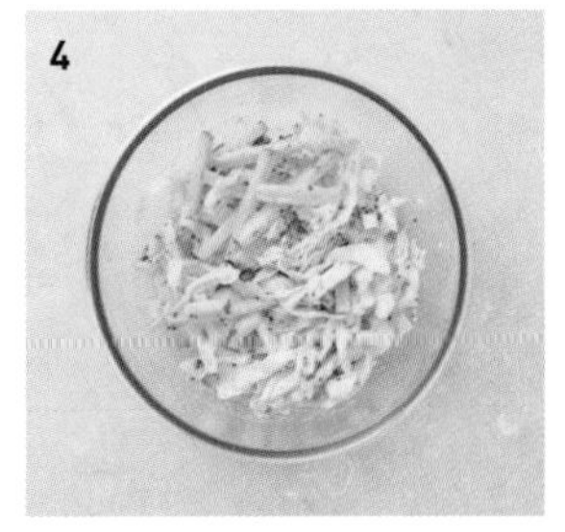

TIP

양배추는 잎이 겹겹이 붙어 있기 때문에 채 썬 후 한 번 더 전체적으로 헹궈주는 게 좋아요.

양배추&당근라페

READY(1인분)

당근 200g
양배추 300g
적양배추 300g

<u>소스</u>
레몬즙 3T
올리브유 6T
홀그레인머스터드 1+1/2T
설탕 3T
소금 1/2T

RECIPE

1 채소 썰기
당근은 가늘고 길게 채 썰고 양배추와 적양배추도 채 썰어 준비한다.

2 소스 만들기
분량의 재료를 섞어 소스를 만든다.

3 채소에 소스 넣기
볼에 **1**의 당근과 양배추, 적양배추를 각각 담은 다음 **2**의 소스를 3등분하여 넣는다.

4 재료와 버무리기
소스 재료가 완전히 스며들도록 채소를 버무린 뒤 랩이나 뚜껑으로 덮은 다음 실온에 1~2시간 뒀다 냉장 보관 하여 시원하게 낸다.

TIP

- 당근라페나 양배추라페는 만들어두면 김밥, 샌드위치, 샐러드 등 다양한 다이어트 요리에 사용할 수 있어요. 간이 심심한 다이어트 음식을 먹을 때 반찬처럼 곁들여도 좋아요.
- 양배추는 채 썬 다음 다시 한 번 물에 담가 헹구고 물기를 빼서 사용하면 더 좋습니다.

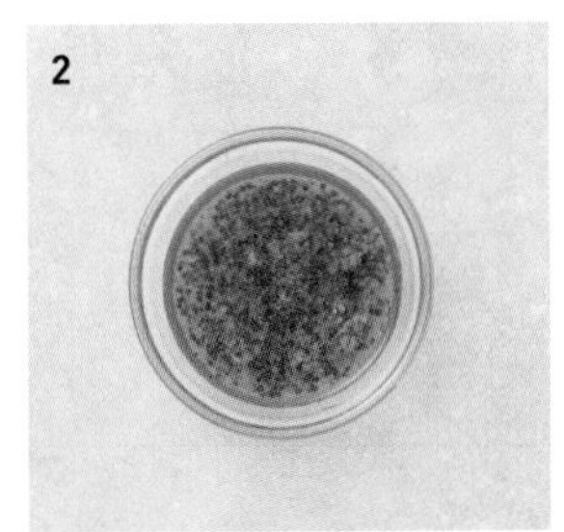

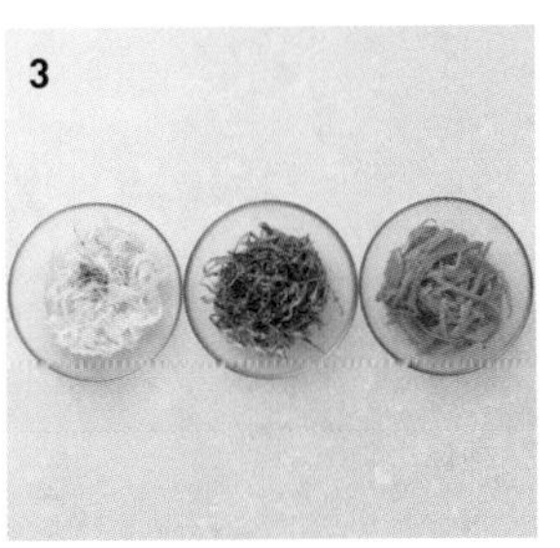

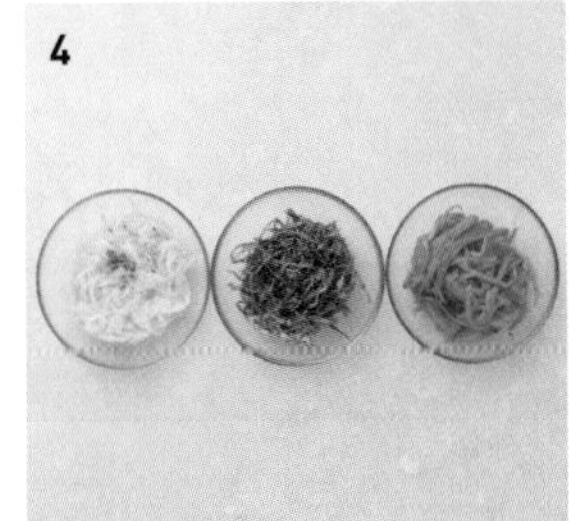

7

다이어트 요리에 생기를 더해주는

아보카도&토마토

아보카도김치비빔밥

READY(1인분)

현미밥 130g
김치 50g
아보카도 1/2개
달걀 1개
오이 1/3개
소금 1~2꼬집

김치 양념
고춧가루 1t
통깨 1t
들기름 1t
후춧가루 조금

RECIPE

1 채소 썰기
아보카도는 0.5cm 두께로 썰고, 오이는 사방 1cm 크기로 자르고 김치도 잘게 썰어 준비한다.

2 달걀스크램블 만들기
달걀은 소금 1~2꼬집을 넣어 저은 뒤 스크램블을 해둔다.

3 김치 양념하기
1의 김치에 분량의 양념 재료를 넣고 조물조물 무쳐준다.

4 밥 위에 재료 올리기
현미밥을 넓게 펼치고 준비한 모든 재료를 소복이 올려 완성한다.

TIP

- 생아보카도는 후숙이 잘 된 것을 고르기도 어렵고 보관도 쉽지 않은데 냉동 아보카도는 언제든 편하게 음식에 넣을 수 있어 자주 사용합니다.
- 스크램블을 할 때 달걀 1개 기준 물 1t이나 맛술 1t을 넣으면 훨씬 부드럽습니다.
- 간이 부족하면 스리라차 소스를 조금 뿌려 조절합니다.

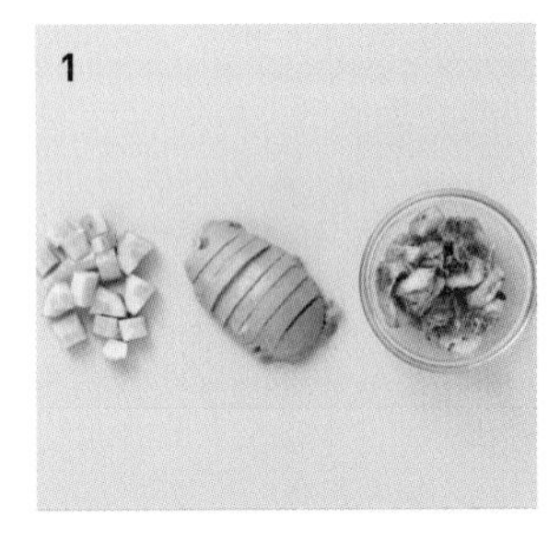

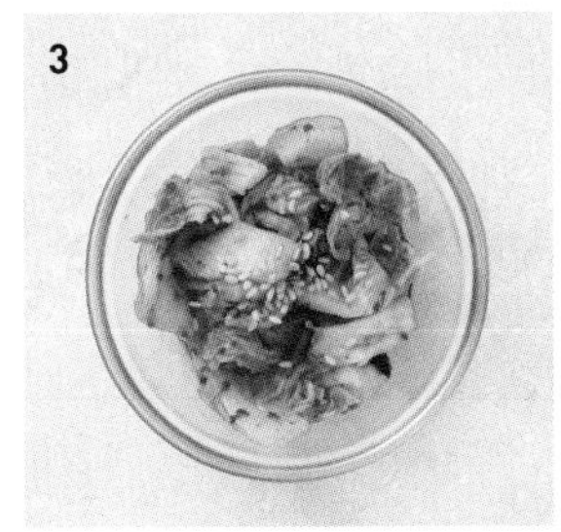

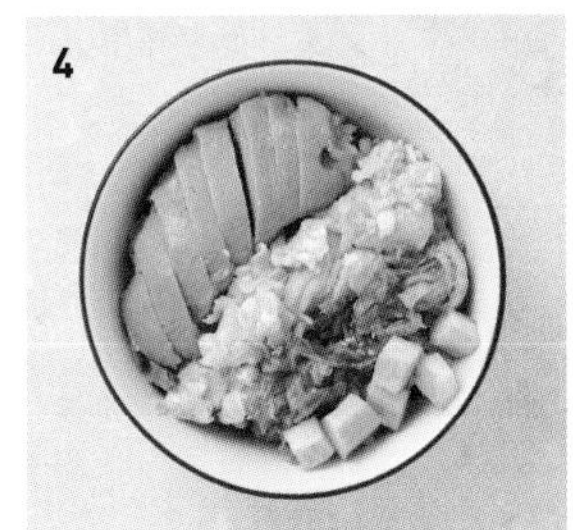

토마토카레덮밥

READY(1인분)

현미밥 130g
방울토마토 150g
데친 브로콜리 60g
양파 1/4개
삶은 달걀 1/2~1개
카레가루 1T
물 1/2컵
식용유 조금

RECIPE

1 채소 손질하기
토마토는 끓는 물에 20초 정도 데친 뒤 찬물에 담갔다가 꺼내 껍질을 벗겨두고, 양파와 데친 브로콜리는 사방 2cm 크기로 썬다.

2 토마토와 양파 볶기
팬을 달궈 식용유를 두른 뒤 **1**의 토마토와 양파를 먼저 넣고 30초 정도 볶아준다.

3 카레가루 넣어 끓이기
2의 팬에 물과 카레가루를 넣고 중약 불에서 끓여준다.

4 브로콜리 넣은 뒤 밥에 올리기
양파가 익으면 브로콜리를 넣어 가볍게 섞어 완성한 뒤 현미밥에 부어주고 삶은 달걀을 올려 낸다.

1

2

3

4

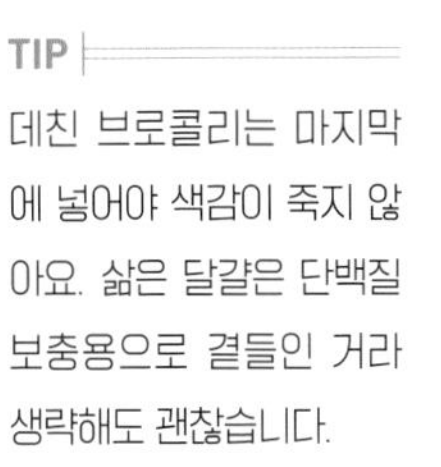

TIP

데친 브로콜리는 마지막에 넣어야 색감이 죽지 않아요. 삶은 달걀은 단백질 보충용으로 곁들인 거라 생략해도 괜찮습니다.

아보카도명란두부비빔밥

READY(1인분)

현미밥 130g
아보카도 1/2개
적양파 1/4개
두부 50g

소스

명란젓 2T
마요네즈 1T
다진 쪽파 2T
통깨 1t

RECIPE

1 아보카도 썰기

아보카도는 사방 1cm 크기로 썬다.

2 양파, 두부 준비하기

적양파와 두부는 사방 1cm 크기로 썬다. 두부는 전자레인지에 1분 정도 돌려준다.

3 소스 만들기

명란젓은 껍질을 제거한 다음 분량의 재료와 잘 섞어 소스를 만든다.

4 밥 위에 재료 올리기

현미밥에 **1**의 아보카도, **2**의 적양파와 두부를 가지런히 올리고 **3**의 명란 소스를 올려 완성한다.

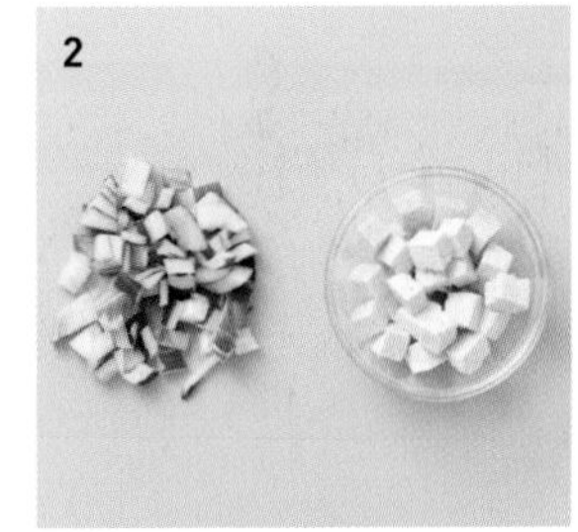

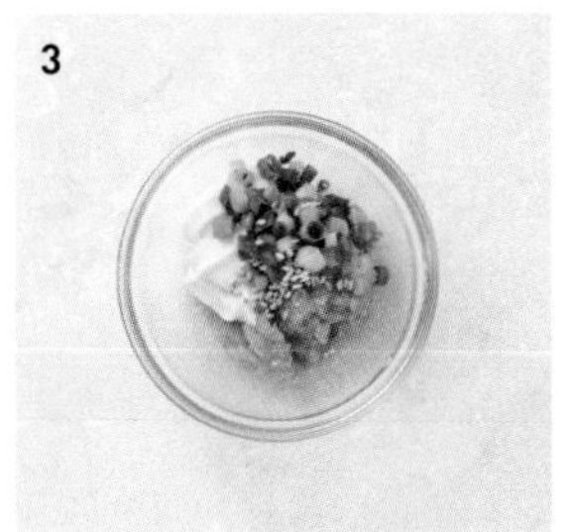

TIP

아보카도를 으깨서 쓰는 경우에는 냉동 제품을 사용하면 더 편리합니다.

아보카도게맛살김밥

READY(1인분)

현미밥 130g
생아보카도 1/2개
게맛살 1줄
깻잎 2장
마요네즈 조금
고추냉이 조금
통깨 조금
참기름 조금
소금 1~2꼬집

RECIPE

1 속재료 준비하기
아보카도는 길쭉하게 썰고 게맛살도 도톰하게 찢어준다. 깻잎은 씻어 물기를 닦아 준비한다.

2 게맛살 양념하기
게맛살은 고추냉이와 마요네즈에 살짝 버무려둔다.

3 밥 밑간하기
현미밥에 통깨, 참기름, 소금을 넣어 간을 한다.(12쪽 참조)

4 김밥 말기
김 위에 밥을 잘 펼친 뒤 깻잎을 깔고 아보카도, 게맛살을 올린 다음 깻잎으로 속재료를 감싸 만다.

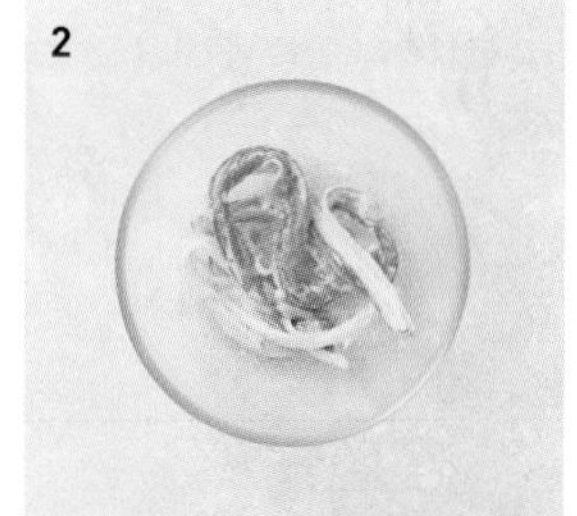

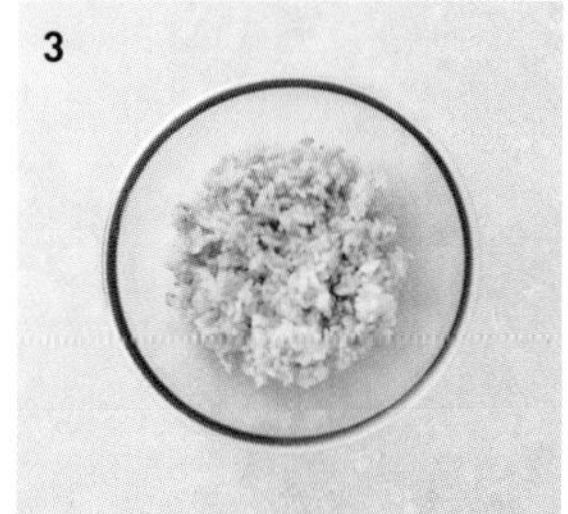

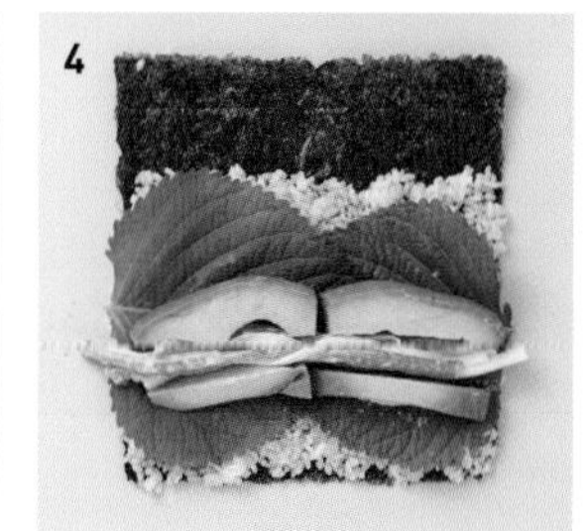

TIP
김밥용으로는 냉동보다는 생아보카도가 단단해서 말기에 더 좋습니다.

토마토마리네이드

READY(1인분)

방울토마토 500g
적양파 1/4개
바질잎 3~4장

소스
레몬즙 2T
꿀 1T
올리브유 4T
소금 2~3꼬집
후춧가루 조금

RECIPE

1 방울토마토 껍질 벗기기
방울토마토는 꼭지를 떼어 내고 끓는 물에 30초 정도 넣었다 뺀 뒤 찬물에 담갔다가 꺼내서 껍질을 벗긴다.

2 양파, 바질 썰기
적양파는 0.5cm 크기로 썰고 바질도 적양파 크기로 썬다.

3 소스 만들기
분량의 재료를 잘 섞어 소스를 만들어둔다.

4 채소와 소스 버무리기
보관 용기에 **1**의 토마토와 **2**의 양파, 바질을 넣고 소스를 부어 실온에서 1시간 정도 둔 뒤 냉장 보관 한다.

TIP

- 단단한 방울토마토가 좋아요. 칼집을 내지 않아도 팔팔 끓는 물에 잠깐 넣었다 빼서 찬물에 담그면 껍질이 잘 벗겨집니다.
- 토마토를 데칠 때 한꺼번에 많은 양의 토마토를 넣으면 물의 온도가 내려가서 겉면이 빠르게 익지 않아요. 두세 번 나눠 넣어서 데치는 게 좋습니다.

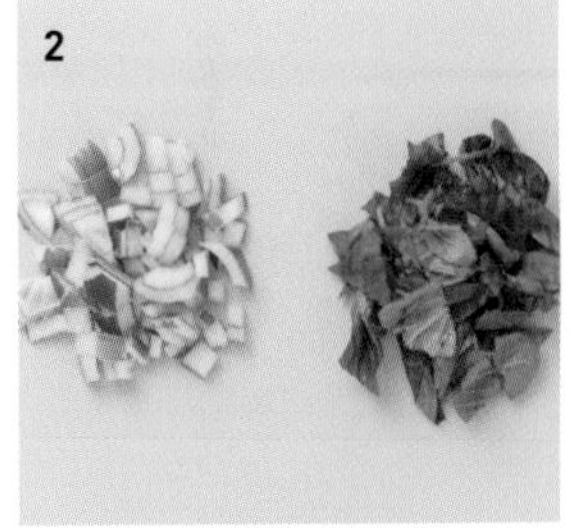

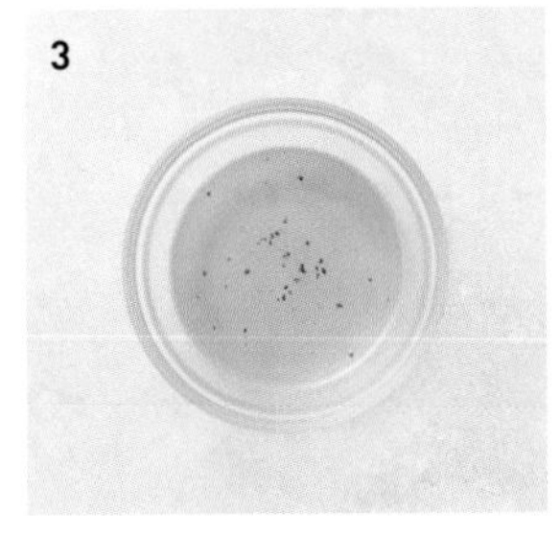

토마토오이샐러드

READY(1인분)

방울토마토 300g
오이 1/2개
그릭요거트 100g
바질 조금

소스

레몬즙 1T
꿀 1T
올리브유 1T
소금 1~2꼬집
후춧가루 조금

RECIPE

1 채소 자르기
방울토마토는 반으로 자르고, 오이도 방울토마토와 비슷한 크기로 썬다.

2 요거트 준비하기
꾸덕한 그릭요거트를 준비한다.

3 소스 만들기
소스는 분량의 재료를 섞어 미리 만들어둔다.

4 채소와 소스 버무리기
볼에 **1**의 재료와 **3**의 소스를 넣고 잘 버무린 뒤 **2**의 요거트를 올려 낸다.

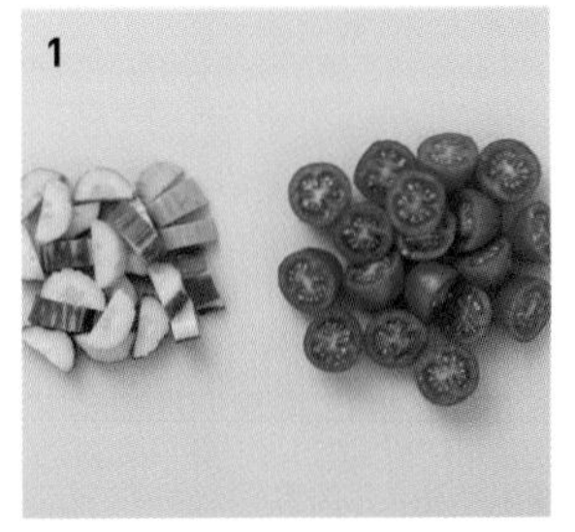

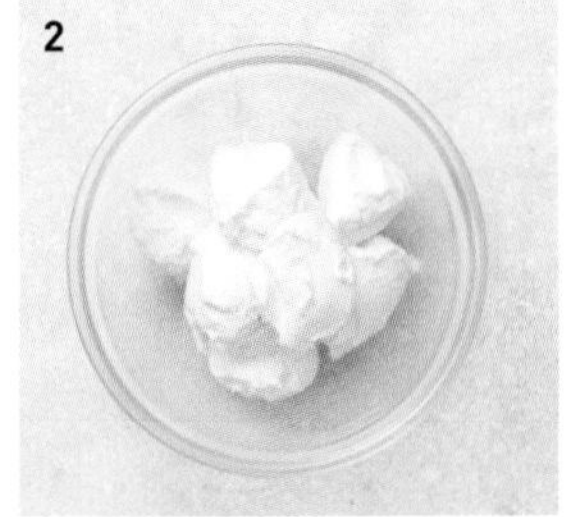

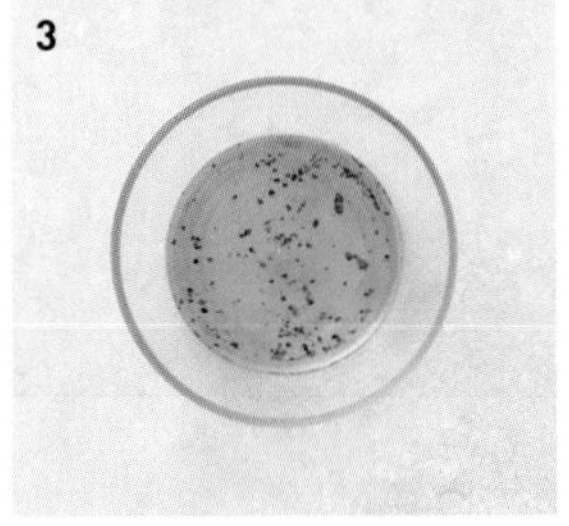

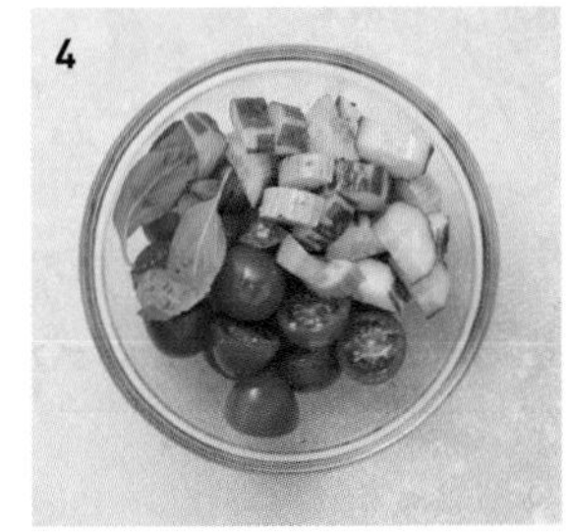

TIP

그릭요거트 만드는 방법은 92페이지 '밥통요거트' 레시피를 참조해주세요.

8

배부르게 먹어도 걱정없는

기타 채소

무생채비빔밥

READY(1인분)

현미밥 130g
두부 50g
무 100g
상추 3장
다진 마늘 1t
고춧가루 1t
통깨 1t
참기름 1T

무절임 양념
설탕 1t
식초 1t
소금 1/3t

RECIPE

1 무 썰어 절이기
무는 채칼을 이용해 0.5cm 정도 두께로 얇게 채 썰어 무절임 양념 재료를 넣고 5분 정도 절인 뒤 물기를 뺀다.

2 두부, 상추 준비하기
두부는 으깨어 마른 팬에 살짝 볶아 수분을 날리고, 상추는 씻어 물기를 제거한 뒤 큼직하게 잘라 준비한다.

3 무 무치기
1의 무에 고춧가루와 다진 마늘을 넣고 가볍게 무쳐 무생채를 만들어 둔다.

4 밥과 재료 함께 담기
현미밥에 **2**의 두부와 상추, **3**의 무생채를 올리고 참기름, 통깨를 뿌려 완성한다.

TIP
- 무를 절일 때 위생봉투를 이용하면 편리합니다. 물기를 짤 때는 봉투 끝을 잘라 그 구멍으로 물기를 빼면 편리해요.
- 무생채는 생으로 무치는 것보다 살짝 절여 먹는 게 더 맛있습니다.
- 상추는 줄기 부분에 의외로 흙이 많으니 고인 물에 넣고 흔들어 씻은 다음 흐르는 물에 헹궈주세요.

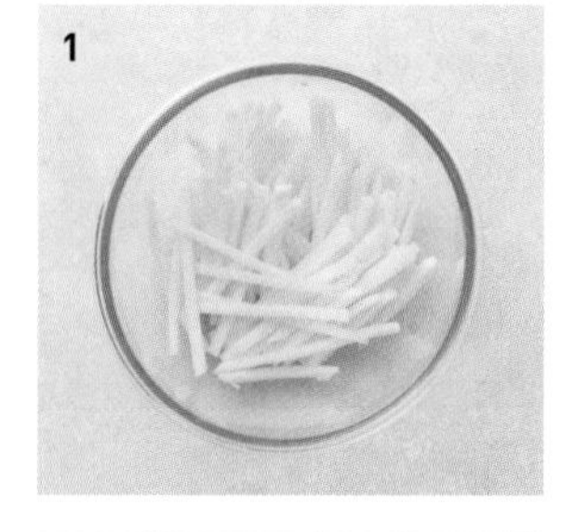

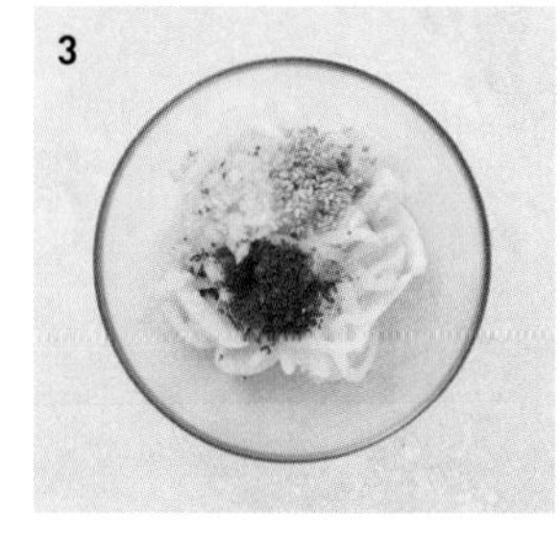

오이부추비빔밥

READY(1인분)

현미두부밥 150g
오이 1/2개
부추 1/2줌
달걀 1개
식용유 조금

겉절이 양념
다진 마늘 1t
고춧가루 1t
통깨 1t
멸치액젓 2/3T
들기름 1T

RECIPE

1 오이, 부추 썰기
오이는 반달 모양으로 0.5cm 두께로 썰고, 부추는 씻어 물기를 완전히 뺀 뒤 3cm 길이로 썬다.

2 달걀프라이 만들기
달군 팬에 식용유를 두르고 중강 불에서 달걀프라이를 부쳐둔다.

3 채소 양념에 버무리기
볼에 **1**의 재료를 담고 분량의 겉절이 양념 재료를 넣어 버무린다.

4 밥과 재료 함께 담기
3의 재료를 잘 섞은 뒤 그릇에 현미두부밥과 같이 담고 **2**의 달걀프라이를 올려 완성한다.

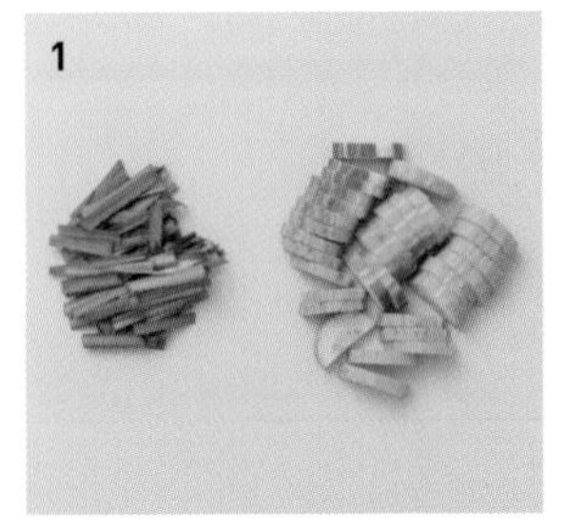

TIP

비빔밥을 만들 때 오이를 절이지 않고 생으로 넣으면 아삭거리는 식감이 더 좋아요.

콩나물무밥

READY(1인분)

현미두부밥 150g
콩나물 100g
무 70g
소금 1~2꼬집

양념장

다진 쪽파 3T
다진 양파 2T
고춧가루 1t
통깨 1T
국간장 2/3T
들기름 1T

RECIPE

1 무, 콩나물 준비하기
무는 0.5cm 두께로 채 썰고 콩나물은 씻어 물기를 뺀다.

2 양념장 만들기
분량의 재료를 섞어 양념장을 만든다.

3 무, 콩나물 익히기
냄비에 **1**의 무와 콩나물을 깔고 소금 1~2꼬집을 뿌린 뒤 물 2T을 넣고 뚜껑을 덮어 중약 불에서 3분 이내로 익힌다.

4 밥 넣어 섞기
3의 재료가 익으면 밥을 넣어 섞은 다음 그릇에 담고 양념장을 곁들여 낸다.

TIP

- 콩나물이 너무 길면 비벼 먹기 좋은 크기로 썰어주세요.
- 저수분으로 익히기 때문에 불은 꼭 중약 불이나 약한 불로 조절합니다.
- 무와 콩나물을 익힌 다음 냄비 바닥에 물기가 많이 남아 있으면 물을 따라 내야 먹을 때 질척거리지 않아요.

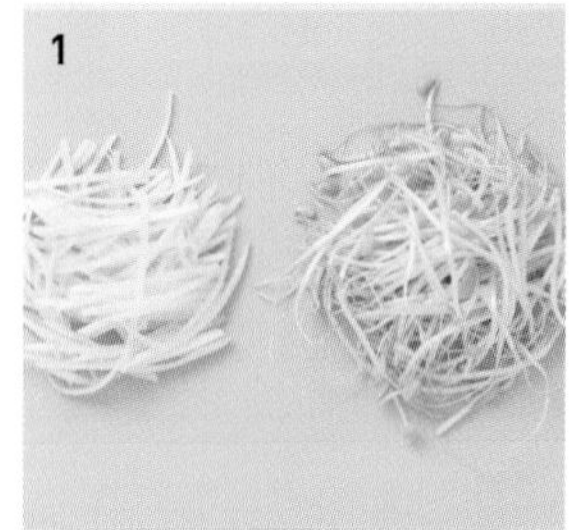

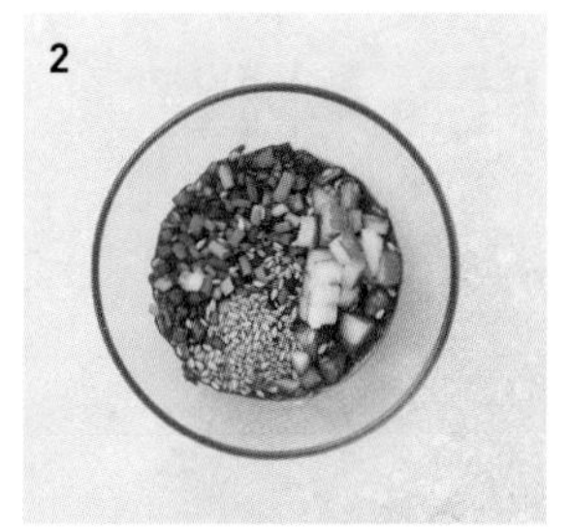

오이게맛살비빔밥

READY(1인분)

현미두부밥 150g
오이 1/3개
적양파 1/4개
게맛살 3줄
초고추장 1T

RECIPE

1 채소 준비하기
오이, 적양파는 사방 1cm 크기로 썬다.

2 게맛살 준비하기
게맛살은 찢거나 잘게 깍둑썰기 해 준비한다.

3 초고추장 만들기
분량의 재료를 섞어 초고추장을 만들어준다.(만드는 법은 15쪽 참조)

4 밥에 재료 올리기
그릇에 밥과 **1**의 채소, **2**의 게맛살을 함께 담고 초고추장을 곁들여 낸다.

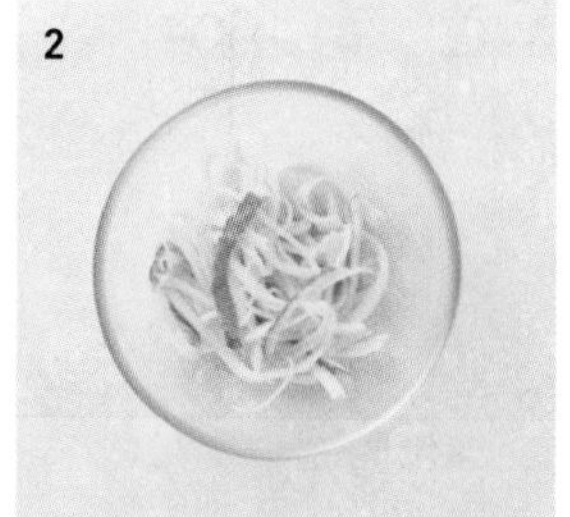

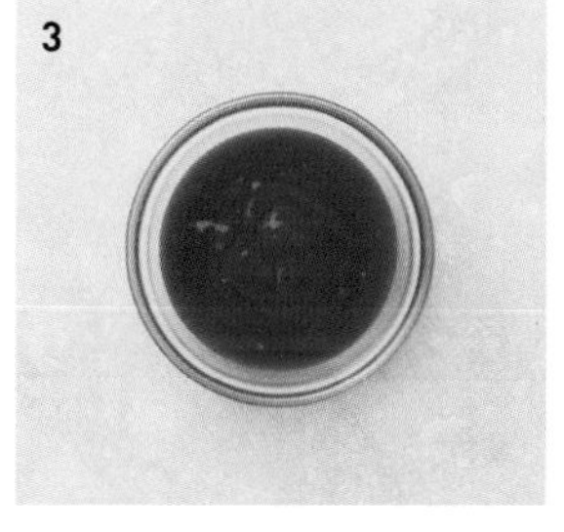

TIP

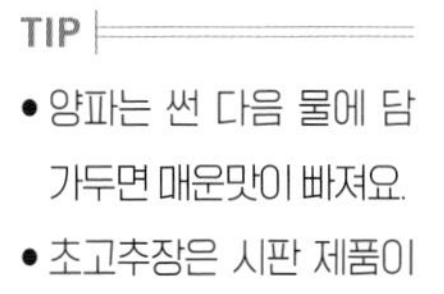
- 양파는 썬 다음 물에 담가두면 매운맛이 빠져요.
- 초고추장은 시판 제품이나 스리차차소스로 대체해도 됩니다.

삼색나물비빔밥

READY(1인분)

흑미밥 130g
호박 1/4개
당근 1/5개
콩나물 100g
초고추장 1T
참기름 1t
소금 1~2꼬집

RECIPE

1 채소 썰기
호박, 당근은 채 썰고 콩나물은 씻어 물기를 빼 준비한다.

2 채소 찌기
바닥이 도톰한 냄비에 물 3T를 넣고 **1**의 재료를 넣어 중약 불에서 뚜껑을 닫고 5분 정도 저수분으로 찐 뒤 소금을 1~2꼬집 뿌려 밑간을 한다.

3 초고추장 준비하기
초고추장을 만든다.(만드는 법은 15쪽 참조)

4 밥과 채소, 초고추장 함께 담기
그릇에 밥과 **2**의 찐 채소, 초고추장을 함께 담아 낸다. 마지막에 참기름을 뿌린다.

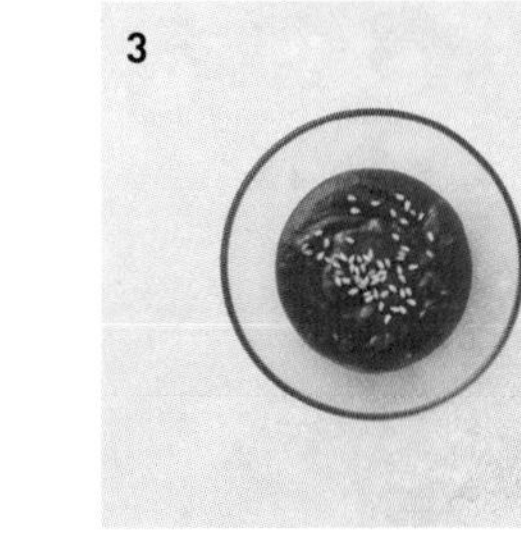

TIP
채소 찔 때 수분이 적어 센 불에 올리면 금방 수분이 날아가 타버릴 수가 있으니 반드시 중약 불로 불을 조절해주세요.

도토리묵비빔밥

READY(1인분)

현미밥 50g
도토리묵 150g
신김치 50g
오이 1/3개
상추 3장

양념장

다진 마늘 1/2t
다진 쪽파 2T
고춧가루 1t
통깨 1T
국간장 2/3T
들기름 1T

RECIPE

1 도토리묵 자르기

도토리묵은 사방 1.5cm 크기의 주사위 모양으로 썬다.

2 김치, 채소 썰기

신김치는 잘게 썰고, 오이도 사방 1cm 크기로 잘게 썰고, 상추는 씻어 2cm 길이로 숭덩숭덩 썬다.

3 양념장 만들기

분량의 재료를 잘 섞어 양념장을 만든다.

4 밥에 재료 올리기

현미밥에 **1**의 묵, **2**의 김치, 오이, 상추를 가지런히 올리고 양념장을 곁들여 완성한다.

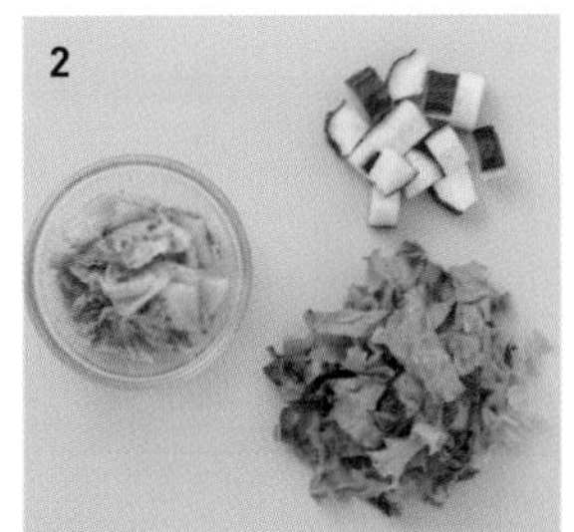

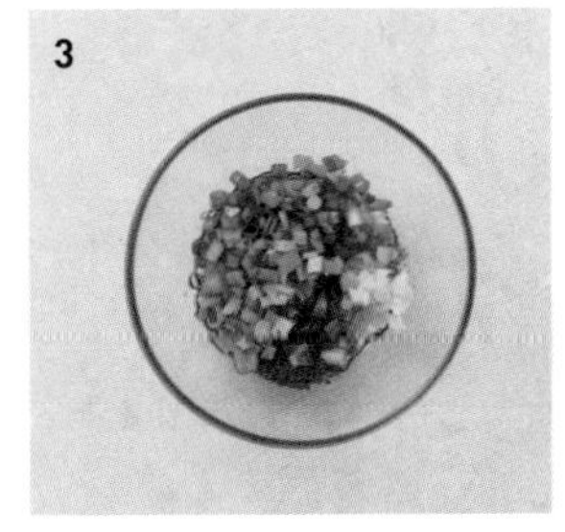

TIP

냉장고에 보관해둔 굳은 묵은 썰어서 뜨거운 물에 30초 정도만 넣었다 빼면 부드러워집니다.

오이들기름메밀국수

READY(1인분)

메밀면 150g
오이 1/2개
삶은 달걀 1개
조미 김가루 조금

오이절임 양념

식초 1/2t
설탕 1/2t
소금 1~2꼬집

메밀면 양념

깨소금 1T
간장 1/2t
들기름 1T

RECIPE

1 오이 썰어 절이기

오이는 반으로 갈라 사선으로 얇게 썰고 분량의 소금, 설탕, 식초를 넣어 5분 정도 절인 뒤 물기를 짠다.

2 메밀면 삶기

메밀면은 끓는 물에 넣어 2~3분 삶은 뒤 찬물에 헹궈 물기를 뺀다.

3 양념 넣고 버무리기

2의 메밀면에 분량의 양념 재료를 넣고 버무린다.

4 면과 고명 함께 담기

그릇에 **3**의 메밀면, **1**의 오이절임을 담고 김가루와 삶은 달걀을 올려 완성한다.

TIP

- 생메밀면도 괜찮고 건면도 괜찮아요.
- 시판 메밀면에는 자체적으로 간이 되어있고, 오이 절일 때도 소금이 들어가기 때문에 들기름과 김가루만 넣어줘도 간이 얼추 맞아요.

애호박잔치국수

READY(1인분)

두부면 100g
애호박 1/2개
표고버섯 1개
당근 조금

멸치육수
물 2컵
멸치액젓 1T
맛술 1T

양념장
다진 쪽파 2T
고춧가루 1T
통깨 1T
간장 1T
들기름 1T

RECIPE

1 채소 썰기
애호박과 당근은 길게 채 썰고 표고버섯은 밑동을 떼 낸 후 편으로 썬다.

2 육수 만들고 면 헹구기
분량의 재료를 섞어 멸치육수를 만들고, 두부면은 물에 헹궈 준비한다.

3 육수에 채소 넣어 끓이기
2의 육수를 냄비에 넣고 끓어오르면 **1**의 채소를 넣는다.

4 면 넣어 끓이기
채소가 익으면 두부면을 넣고 한소끔 더 끓인다. 분량의 재료를 섞어 만든 양념장을 곁들여 낸다.

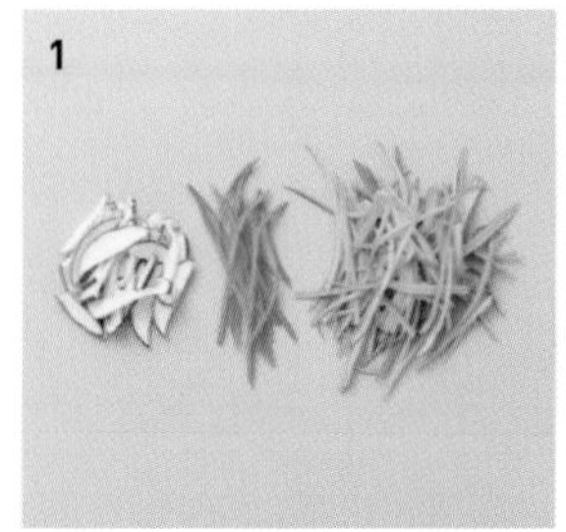

TIP

- 육수 티백이나 코인으로 육수를 낼 수 있지만 급할 땐 멸치액젓과 물을 섞어서 사용해도 비슷한 맛이 납니다.
- 두부면은 따로 삶을 필요가 없어 조리 시간이 단축돼요.

오이게맛살비빔국수

READY(1인분)

오이 1개
게맛살 60g
소금 1~2꼬집

비빔 양념
두부 70g
마요네즈 1T
깨소금 1T
소금 1~2꼬집
후춧가루 조금

RECIPE

1 오이, 게맛살 썰기
오이는 길게 채 썰어 소금 1~2꼬집을 뿌려 절이고, 게맛살은 결대로 찢어준다.

2 비빔장 만들기
두부는 키친타월로 물기를 적당히 빼준 뒤 으깨고, 여기에 나머지 비빔장 재료를 모두 넣어 섞어 비빔장을 만든다.

3 그릇에 재료와 양념 넣기
1의 절여둔 오이는 물기를 꼭 짜서 볼에 게맛살과 함께 담고 **2**의 비빔장을 넣는다.

4 재료 섞기
3의 재료를 잘 섞고 모자라는 간은 소금으로 조절한다.

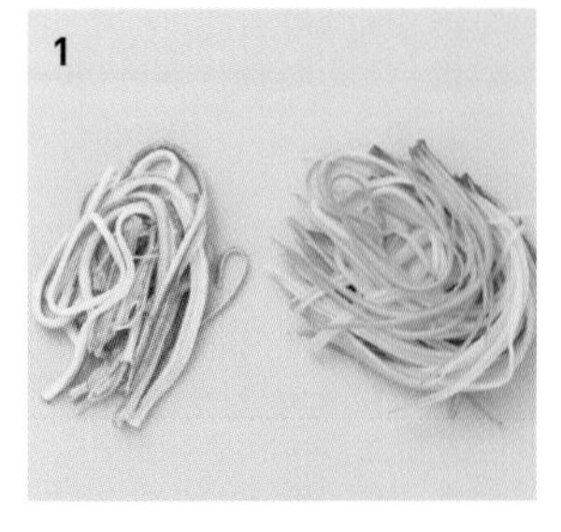

TIP
절인 오이는 물기를 잘 짜서 넣어야 양념이 겉돌지 않고 꼬들거리는 식감도 더 살아납니다.

당근마요김밥

READY(1인분)

현미밥 130g
당근 50g
두부 30g
깻잎 2장
김밥용 김 1장
마요네즈 1T
홀그레인머스터드 1/2t
통깨 1/2t
참기름 1/2t
소금 1~2꼬집

RECIPE

1 채소와 두부 준비하기

당근은 필러로 얇고 납작하게 썰고, 두부는 으깨고, 깻잎은 씻어둔다.

2 밥 밑간하기

현미밥에 분량의 참기름, 통깨, 소금을 넣어 밑간을 한다.(12쪽 참조)

3 당근, 두부 소스에 버무리기

1의 당근과 두부는 내열 용기에 담아 래핑한 뒤 전자레인지에 1분정도 돌리고, 한 김 식혀 마요네즈와 홀그레인머스터드를 넣고 버무린다.

4 김밥 말기

김을 깔고 **2**의 밥을 펼친 뒤 깻잎을 펼쳐 올리고 **3**의 재료를 올린다. 깻잎으로 속을 감싼 뒤 말아 완성한다.

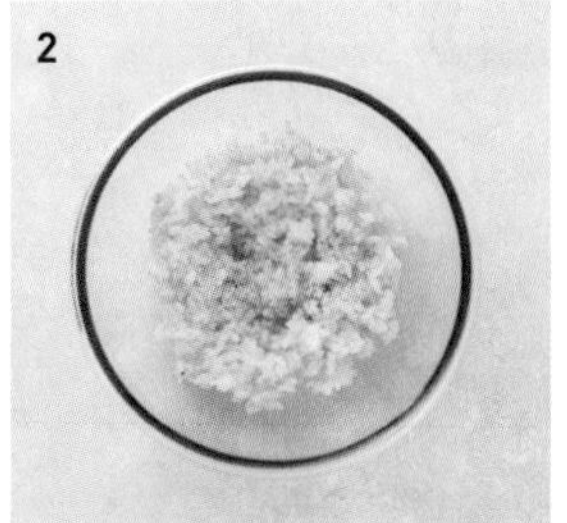

TIP

당근 50g은 보통 크기 당근의 1/3 정도 분량이에요.

메밀오이김밥

READY(1인분)

메밀면 150g
달걀 1개
오이 1/2개
깻잎 2장
김밥용 김 1장
조미 김가루 조금
식용유 조금
소금 3~4꼬집

RECIPE

1 메밀면 삶기

메밀면은 끓는 물에 1~2분 삶아 찬물에 헹군 뒤 체에 밭쳐 물기를 완전히 뺀다.

2 달걀, 오이 준비하기

달걀은 소금 2꼬집을 넣어 푼 뒤 달궈 기름을 두른 팬에 부어 반쯤 익었을 때 돌돌 말아가며 익힌다. 오이는 채 썰어 소금을 1~2꼬집 뿌려 절인 뒤 키친타월로 물기를 닦아준다.

3 메밀면 밑간하기

1의 메밀면에 조미 김가루를 적당히 넣어 밑간을 한다.

4 김밥 말기

김을 깔고 **3**의 메밀면을 펼친 뒤 깻잎을 깔고 **2**의 달걀, 오이를 올리고 깻잎으로 감싼 다음 만다.

TIP

- 메밀면은 삶은 뒤 다른 재료 손질을 하는 동안 체에 밭쳐 가만히 놔두면 물기가 빠지면서 밥처럼 끈기가 생겨서 김밥 말기 더 좋습니다.
- 조미 김가루를 넣으면 면의 수분도 흡수되고 밑간도 됩니다.

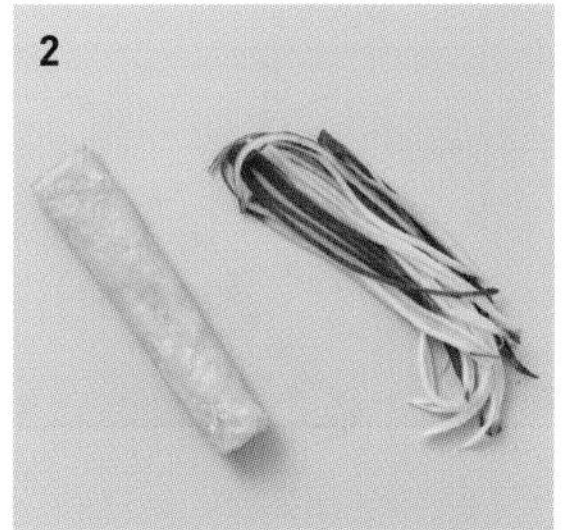

미나리달걀김밥

READY(1인분)

현미밥 130g
달걀 2개
미나리 100g
김밥용 김 1+1/2장
통깨 조금
참기름 조금
소금 1/2t

RECIPE

1 미나리 준비하기

미나리는 끓는 물에 잠깐 데친 뒤 물기를 뺀 뒤 소금 2꼬집, 참기름 조금, 통깨 조금을 넣어 무친다.

2 달걀지단 만들기

달걀은 소금 2꼬집을 넣고 풀어서 달걀물을 만든 뒤 달군 팬에 식용유를 둘러 얇게 지단을 부치고 가늘게 채 썬다.

3 밥에 밑간하기

현미밥에 참기름, 통깨, 소금을 넣어 밑간을 한다.(12쪽 참조)

4 김밥 말기

김 위에 **3**의 현미밥을 펼치고 김 1/2장을 깐 뒤 **1**의 미나리, **2**의 달걀지단을 올려 만다.

TIP

- 미나리는 통으로 써도 괜찮지만 줄기가 약간 질긴 편이므로 부드러운 식감을 원한다면 잘게 썰어서 사용하세요.
- 지단을 부칠 때 한 번에 달걀물을 다 붓지 말고 여러 번 나눠 얇게 부치면 좋아요.

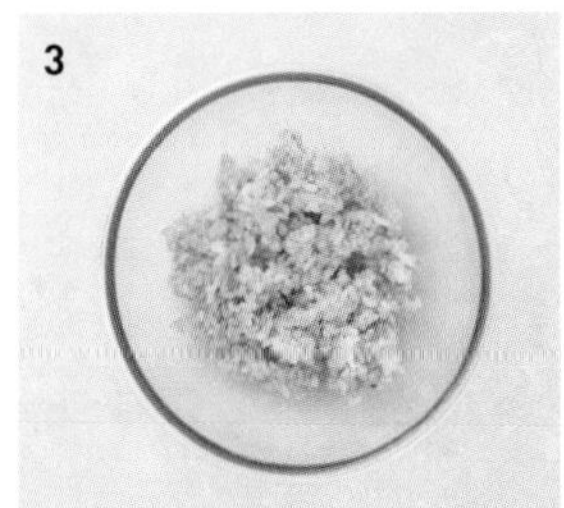

감자오이샐러드

READY(1인분)

감자 1개
오이 1/3개
적양파 1/5개
삶은 달걀 1개
당근 조금
마요네즈 1T
홀그레인머스터드 1t
소금 1/2t

RECIPE

1 감자, 당근 썰기
감자와 당근은 껍질을 벗기고 한입 크기로 썬다.

2 감자, 당근 삶기
냄비에 감자가 잠길 만큼의 물을 붓고 **1**의 감자와 당근, 소금 1/2t을 넣어 중강 불에서 5분 정도 삶은 다음 체에 밭쳐 그대로 식힌다.

3 오이, 달걀, 적양파 썰기
오이는 가운데 씨를 긁어낸 다음 0.3cm 두께의 반달 모양으로 썰고, 삶은 달걀과 적양파도 한 입 크기로 썬다.

4 재료 버무리기
볼에 **2**, **3**의 재료를 모두 담은 다음 마요네즈, 홀그레인머스터드를 넣고 잘 버무려 완성한다.

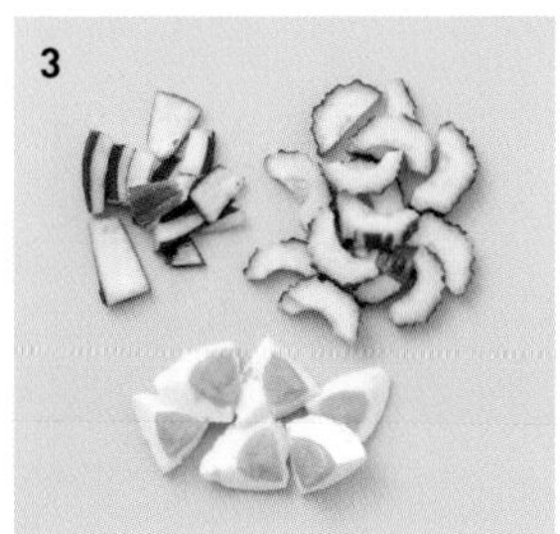

TIP

- 삶을 때 소금을 조금 넣으면 밑간이 됩니다. 삶은 다음 뜨거운 채로 체에 밭쳐두면 수분이 적당히 날아가 샐러드 만들기에 더 좋습니다.
- 샐러드에 오이를 쓸 때는 가운데 씨를 긁어 내야 물이 덜 생겨요.

청포묵오이샐러드

READY(1인분)

청포묵 150g
오이 1/2개
훈제 닭가슴살 50g
조미 김가루 조금
깨소금 1T
들기름 1T
소금 1~2꼬집

RECIPE

1 청포묵 준비하기

청포묵은 사방 2cm 정도 크기로 잘라 끓는 물에 넣은 뒤 투명해지면 꺼내서 체에 밭쳐 식힌다.

2 오이, 닭가슴살 썰기

오이와 훈제 닭가슴살도 **1**의 청포묵 크기와 비슷하게 깍둑썰기 한다.

3 재료 볼에 담기

1의 청포묵과 **2**의 닭가슴살, 오이를 볼에 담고 조미 김가루, 깨소금, 들기름, 소금을 넣는다.

4 재료 섞기

3의 재료를 잘 어우러지게 섞어 완성한다.

TIP

- 칼로리가 낮고 심심한 맛이 나는 청포묵의 경우 삶은 닭가슴살보다 훈제 닭가슴살을 넣으면 더 맛있어요.
- 훈제 닭가슴살도 간이 되어 있는 상태이고 조미 김가루에도 간이 있으니 소금은 1~2꼬집 정도로 소량만 넣어도 간이 맞습니다.

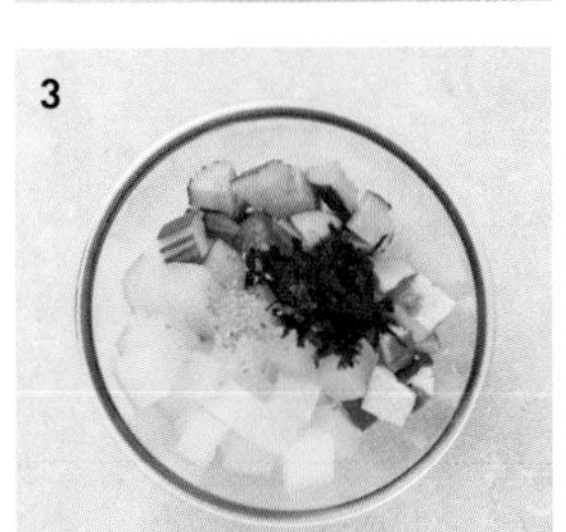

고구마사과샐러드

READY(1인분)

고구마 1개
사과 1개
삶은 달걀 1개
아몬드 조금

소스
마요네즈 1T
요거트 1T
홀그레인머스터드 1t

RECIPE

1 고구마 준비하기
고구마는 껍질을 군데군데 벗겨 사방 2cm 크기로 깍둑썰기 한다. 내열 용기에 물 1T와 함께 고구마를 넣고 랩을 씌워 전자레인지에 1~2분 돌려 익힌다.

2 사과, 달걀, 아몬드 준비하기
사과는 깨끗이 씻어 껍질을 반쯤 남기고 **1**의 고구마와 비슷한 크기로 썬다. 삶은 달걀도 비슷한 크기로 썰고 아몬드는 굵게 다진다.

3 재료에 소스 넣기
볼에 **1**, **2**의 재료를 담고 분량의 재료를 섞어 만든 소스를 넣는다.

4 재료 섞기
재료가 어우러지게 골고루 섞어 완성한다.

TIP

- 고구마가 조금 덜 익었다 싶어도 가열 후 1분 정도 그대로 두면 남은 열로 익어요. 참고로 고구마는 감자에 비해 익는 시간이 짧습니다.
- 마요네즈에 칼로리가 낮은 요거트를 섞으면 맛은 나면서 좀 더 가볍게 즐길 수 있어요.

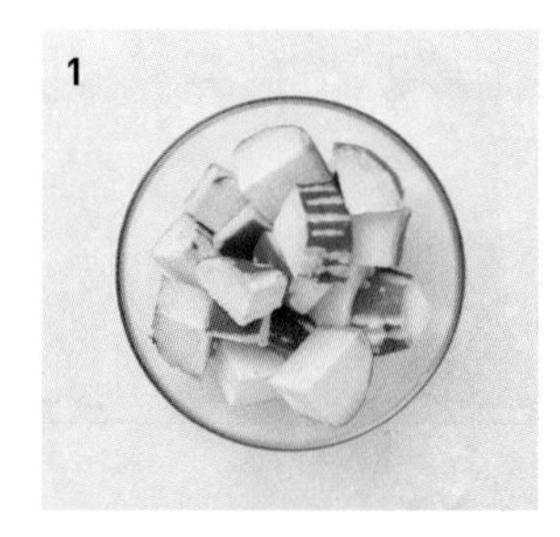

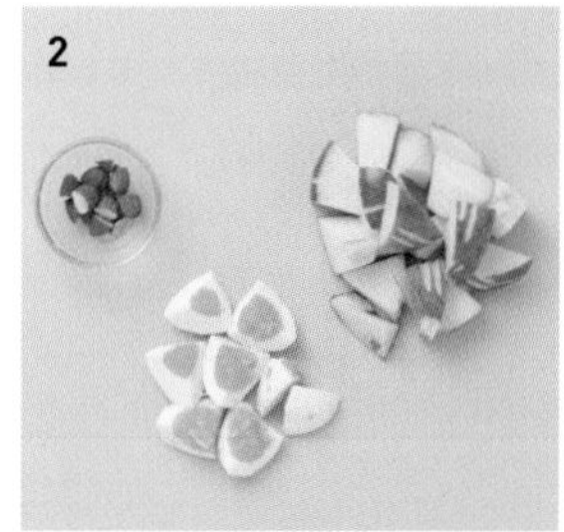

식비도 아끼고 살도 빠지는

초간단 집밥 다이어트 레시피

초판 3쇄 발행 2024년 5월 31일
초판 1쇄 발행 2023년 10월 5일

지은이 강지현
발행인 손은진
개발책임 김문주
개발 김민정 정은경
제작 이성재 장병미
마케팅 엄재욱 조경은
디자인 design BIGWAVE
사진 이종수
요리 어시스트 강지연 김혜란 안미경 편경숙
그릇 협찬 코스타베르데

발행처 메가스터디㈜
출판등록 제2015-000159호
주소 서울시 서초구 효령로 304 국제전자센터 24층
전화 1661-5431 팩스 02-6984-6999
홈페이지 http://www.megastudybooks.com
출간제안/원고투고 writer@megastudy.net

ISBN 979-11-297-1089-5 13590

메가스터디BOOKS
'메가스터디북스'는 메가스터디㈜의 출판 전문 브랜드입니다.
유아/초등 학습서, 중고등 수능/내신 참고서는 물론, 지식, 교양, 인문 분야에서 다양한 도서를 출간하고 있습니다.